中等职业教育课程改革国家规划新教材配套教学用书

机械制图习题集

胡建生 主编

人民邮电出版社
北京

图书在版编目（CIP）数据

机械制图习题集 ： 少学时 / 胡建生主编. -- 北京 ： 人民邮电出版社，2010.8（2021.10重印）
中等职业教育课程改革国家规划新教材配套教学用书
ISBN 978-7-115-22531-3

Ⅰ. ①机… Ⅱ. ①胡… Ⅲ. ①机械制图－专业学校－习题 Ⅳ. ①TH126-44

中国版本图书馆CIP数据核字（2010）第129500号

内容提要

本习题集参考国家《CAD技能等级考评大纲》对制图基础理论的要求，为《机械制图（少学时）》教材配套而编写的，主要内容包括：制图的基本知识和技能，投影基础，组合体，轴测图，物体的表达方法，螺纹、齿轮及常用的标准件，零件图，装配图等。

本习题集配有"机械制图解题指导"课件，免费供任课教师使用。课件包含各习题的三维实体模型，可以实现不同角度的浏览、不同视图的切换、不同方向的剖切、立体模型与线条图的转换（可获得答案）、装配体的爆炸和仿真演示等功能，可大大减轻师生教与学的负担。

本习题集适用于中等职业学校机械类及工程技术类相关专业的机械制图课教学。

◆ 主　　编　胡建生
责任编辑　刘盛平
◆ 人民邮电出版社出版发行　　北京市丰台区成寿寺路11号
邮编　100164　　电子邮件　315@ptpress.com.cn
网址　http://www.ptpress.com.cn
大厂回族自治县聚鑫印刷有限责任公司印刷
◆ 开本：787×1092　1/16
印张：9.25　　2010年8月第1版
字数：237千字　　2021年10月河北第8次印刷
ISBN 978-7-115-22531-3

定价：14.00元

前　　言

本习题集以教育部2009年5月颁布的《中等职业学校机械制图教学大纲》为依据，并按照中等职业教育课程改革国家规划新教材的编写要求，为《机械制图（少学时）》教材配套而编写的。本习题集适用于中等职业学校机械类及工程技术类相关专业的机械制图课教学。

本习题集具有以下一些特点。

① 突出职业教育特色。为配合实行学历教育与职业资格证书培训并举，与国家实行的就业准入制度相配套。将近两年“工业产品类CAD技能一级”职业资格认证的考题融入到习题集中，使学生对考题类型、题目难度等有所认识和了解。通过正常的学习和训练，即可满足职业技能认证的需要，提升学生的职业能力。

② 在编写习题集的同时，自行开发了一套“机械制图解题指导”课件，免费提供给任课教师使用。课件从第二章开始，建立了各习题的三维实体模型，可以实现不同角度的浏览、不同视图的切换、不同方向的剖切、立体模型与线条图的转换（可获得答案）、装配体的爆炸和仿真演示等功能，为学生学习机械制图和任课教师讲课、辅导提供极大帮助，可大大减轻师生教与学的负担。

③ 在处理读图与画图关系时，本习题集突出以看图为主、画图为辅；在手工绘图时，以徒手画图为主、以尺规绘图为辅，并适当降低尺规绘图的作业次数和质量要求。对一些容易出错或比较难的题目（加 * 号表示），在附录中给出了答案。

④ 习题集的插图全部用计算机软件绘制完成，以确保图例正确、清晰，使人一目了然。同时，根据编者的教学体会，对一些重点、难点或需提示的内容，进行必要的图示或文字说明，既便于教师讲课、辅导，又便于学生自学。

⑤ 积极贯彻新国家标准和行业标准。凡在定稿前搜集到的制图新国家标准和行业标准，全部纳入到习题集中，无论是正文还是插图，均按新标准进行编写、绘制。

本习题集由胡建生教授主编并统稿。参加编写工作的有：胡建生（编写第一章、第二章、第三章、第四章及附录）、刘爽（编写第五章、第六章）、范梅梅（编写第七章、第八章）。参加“机械制图解题指导”课件制作的有：曾红、胡建生、刘淑芬、史彦敏、刘昱。

本习题集由北京理工大学董国耀教授审稿。参加审稿工作的还有：徐玉华、张贵社。参加审稿的各位专家，提出许多宝贵的修改意见和建议，在此，对各位专家表示衷心的感谢。

由于编者的水平所限，书中难免存在错误之处，敬请读者批评指正。

编　者

2010年6月

解题注意事项

（1）需借助绘图工具完成的作业，必须使用绘图工具准确地作图，不可徒手勾画。经任课教师同意，部分题目允许用彩色笔作图，以增加解题的明显性。

（2）在进行尺规图作业时，粗实线宽度宜采用 0.7 mm。在习题集上完成题目时，各种线型的粗细，可参照习题集中图例的线型粗细画出。在进行尺规图作业前，一定要仔细阅读作业指导书，根据作业指导书中的要求和提示完成作业，避免出现不应有的错误。

（3）在完成第二章、第三章的习题时，字母标记应书写工整，不可潦草。字母标记应采用下列形式标出。

① 投影面用大写字母 V、H、W 表示，投影轴用大写字母 X、Y、Z 表示。

② 空间（轴测图上）的点，用大写字母表示，如 A、B、C 等。

③ 点的水平投影用小写字母表示，如 a、b、c 等。

④ 点的正面投影用小写字母右上角加一撇表示，如 a' 、b' 、c' 等。

⑤ 点的侧面投影用小写字母右上角加两撇表示，如 a'' 、b'' 、c'' 等。

⑥ 在投影图中，不可见的点需加圆括号表示，如（a）、（b'）、（c''）等。

（4）在习题集上做练习时，最好在此页纸的下边垫一张硬纸，既可方便作图，又可保护下边的纸张不被损坏。

（5）线性尺寸单位为 mm。

目　　录

第一章　制图的基本知识和技能

1-1　字体及常用符号书写练习（一）

制图设计描图审核质量共第章序号或标准名称数量材料

比例备注其余热处理技术要求轴承齿轮零件硬度均布肋板螺纹栓母钉柱倒角退刀槽

0 1 2 3 4 5 6 7 8 9 Ø R M　0 1 2 3 4 5 6 7 8 9 Ø R M　0 1 2 3 4 5 6 7 8 9 Ø R M　0 1 2 3 4 5 6 7 8 9 Ø R M

班级　　　　姓名　　　　学号

1-2 字体及常用符号书写练习（二）

锥 斜 角 度 基 本 视 图 技 术 要 求 拉 钩 油 泵 车 刨 铣 磨 插 床 铸 造

前 后 局 部 视 图 剖 视 断 面 放 大 其 余 全 部 拆 卸 画 法 碳 素 结 构 钢 铸 造 耐 油 橡 胶 青 铜 铝 合 金

a b c d e f g h i j k l m n o p q r s t u v w x y z

A B C D E F G H I J K L M N O P Q R S T U V W X Y Z

Ⅰ Ⅱ Ⅲ Ⅳ Ⅴ Ⅵ Ⅶ Ⅷ Ⅸ Ⅹ

班级　　姓名　　学号

钻 铰 孔 淬 火 渗 碳 镀 涂 油 漆 模 数 机 械 加 工 锪 平 退 火 灰 铸 铁

公 差 极 限 与 配 合 形 位 倒 角 退 刀 槽 淬 火 调 质 正 火 渗 碳 发 蓝 黑 时 效 处 理 拆 去 件 装 配 零 件

a b c d e f g h i j k l m n o p q r s t u v w x y z

A B C D E F G H I J K L M N O P Q R S T U V W X Y Z

$\alpha\ \beta\ \gamma\ \delta\ \mu\ \phi$ □ ⌴ ∨ ⊽

班级 姓名 学号

1-4 字体及常用符号书写练习（四）

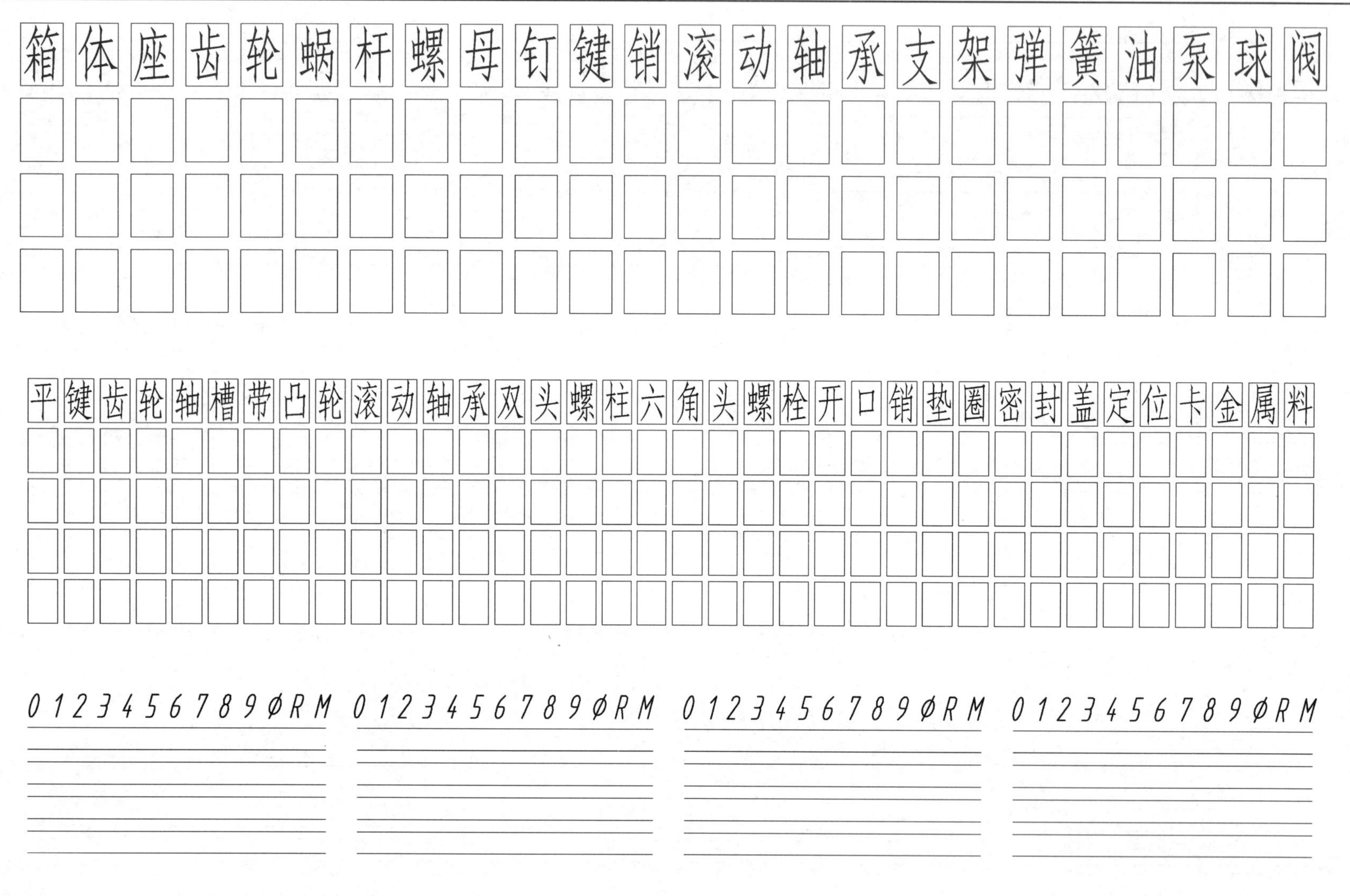

班级　　姓名　　学号

№1　线型练习作业指导书

一、作业目的

（1）熟悉主要线型的规格，掌握图框及标题栏的画法。

（2）练习使用绘图工具。

二、内容与要求

（1）按图例要求绘制各种图线。

（2）用 A4 图纸，竖放，不注尺寸，比例 1 ∶ 1。

三、绘图步骤

1. 画底稿（用 2H 或 3H 铅笔）

（1）画图框及对中符号。

（2）在右下角画出“标题栏”（见教材图 1-5）。

（3）按图例中所注的尺寸，开始作图。

（4）校对底稿、擦去多余的图线。

2. 铅笔加深（用 HB 或 B 铅笔）

（1）画粗实线圆、细虚线圆和细点画线圆。

（2）依次画出水平方向和垂直方向的直线。

（3）画 45° 的斜线，斜线间隔约 3 mm（目测）。

（4）用长仿宋体字填写标题栏。

四、注意事项

（1）绘图前，应先考虑图例所占的面积，将其布置在图纸有效幅面（标题栏以上）的中心区域。

（2）粗实线宽度采用 0.7 mm。为了保证线型符合标准，细虚线和细点画线的线段与间隔，在画底稿时，就应正确画出。

（3）细点画线的线段与“点”要一次画出，不要画好线段再加“点”。

五、图例（见右图）

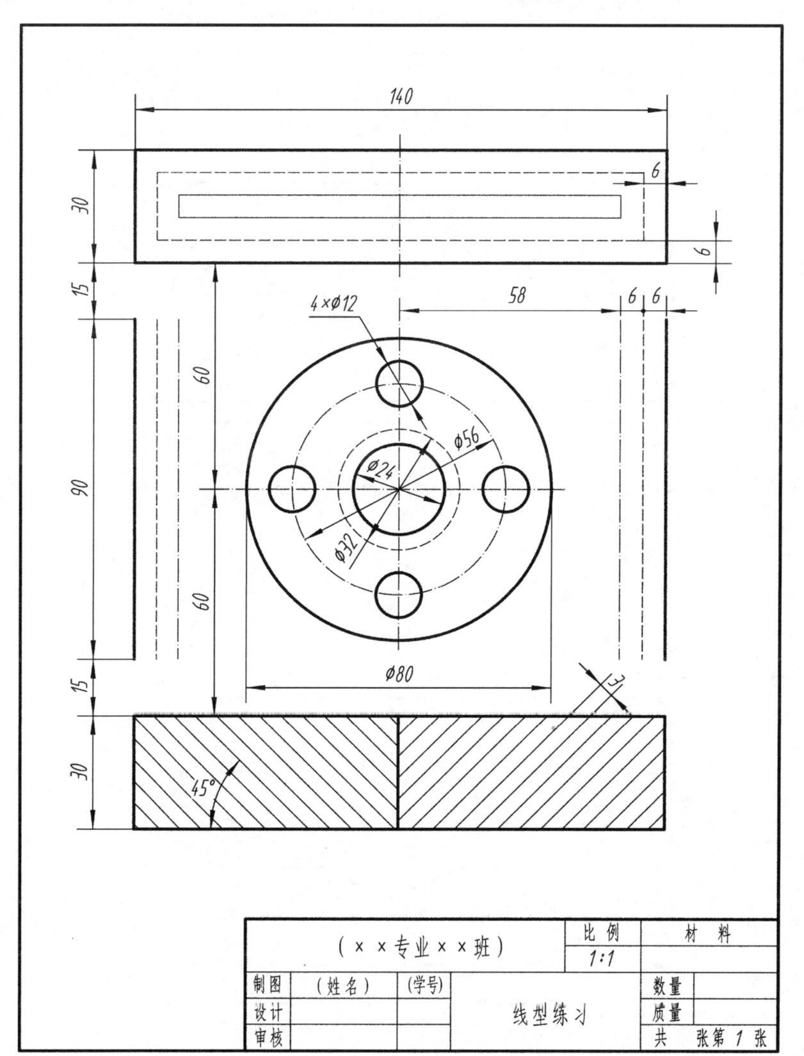

（××专业××班）			比例	材料
			1:1	
制图	（姓名）	（学号）	线型练习	数量
设计				质量
审核				共　张第 1 张

第一章　制图的基本知识和技能

1-6　初学者标注尺寸时常犯的错误

1．对比阅读下列两图，注意标注尺寸时常犯的错误。

2．找出上图中错误的尺寸标注，并在下图中正确注出。

班级　　　　姓名　　　　学号

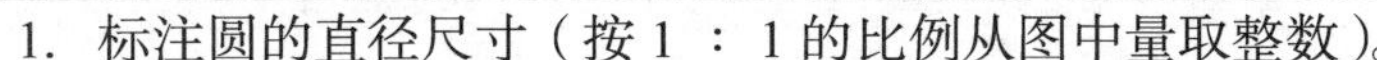

1-7 尺寸注法练习

1. 标注圆的直径尺寸（按 1 ∶ 1 的比例从图中量取整数）。

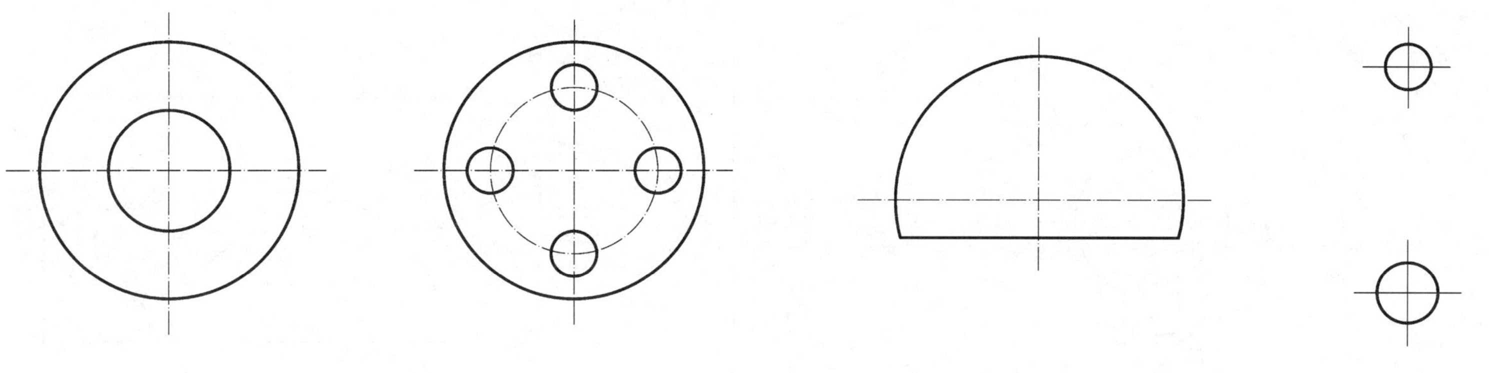

2. 标注圆弧的半径尺寸（按 1 ∶ 1 的比例从图中量取整数）。

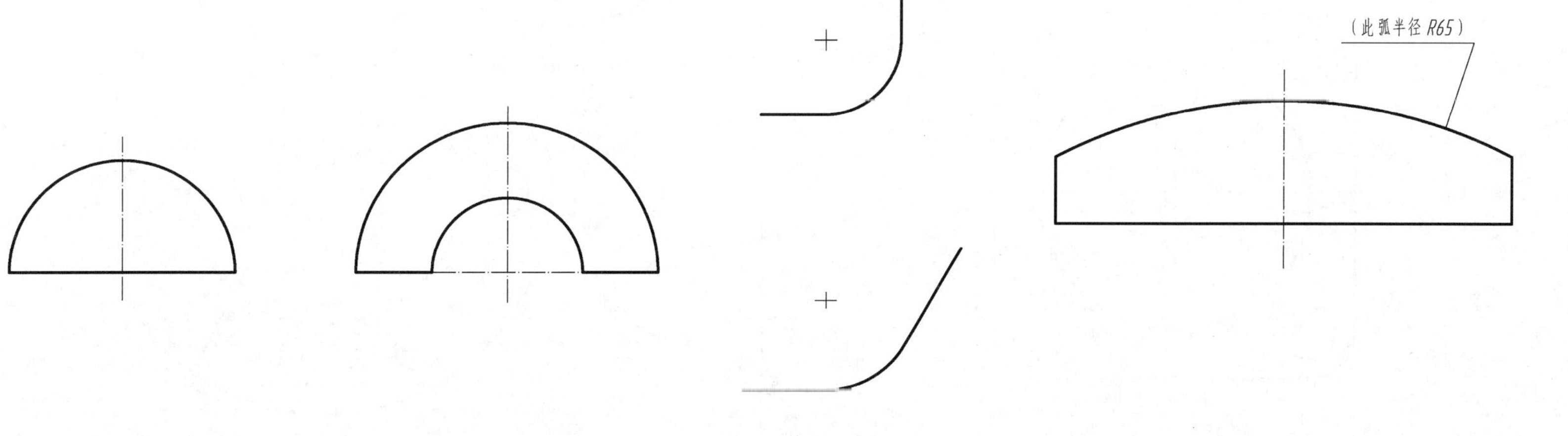

第一章 制图的基本知识和技能

班级　　　　姓名　　　　学号

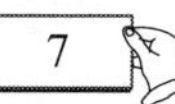

1-8　按 1 ：1 的比例标注尺寸（从图中量取整数）

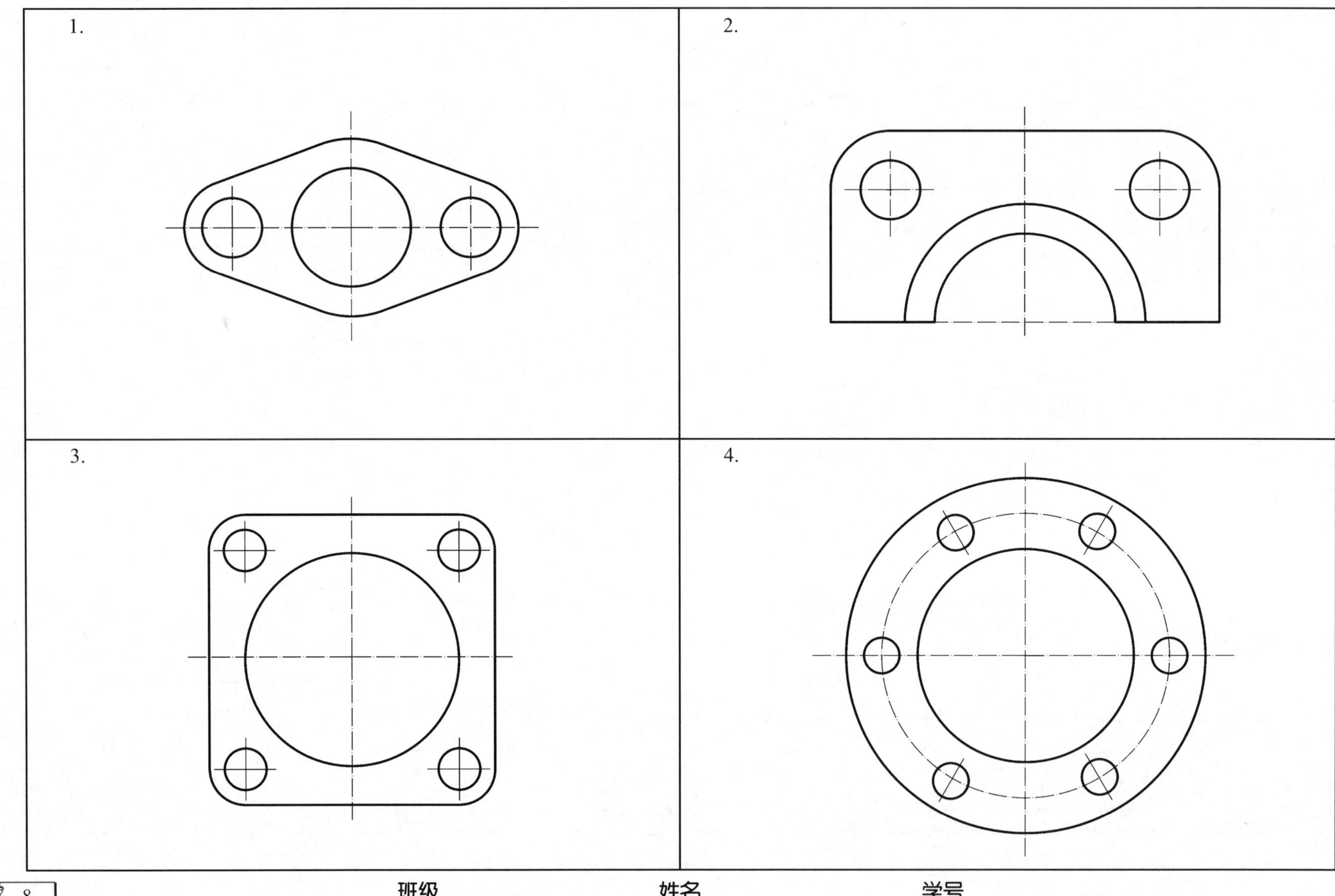

班级　　　　姓名　　　　学号

1-9　等分练习（一）

1. 作直线 AB 的垂直平分线。

A　　B

2. 以 AB 为底边作正三角形。

A　　B

3. 将直线 AB 五等分。

A　　B

4. 依据小图中给定的多边形，完成下面的大图。

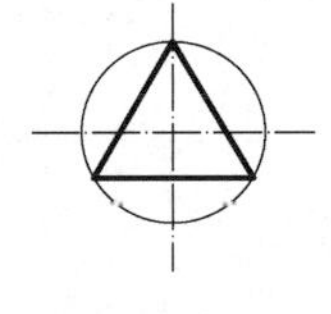
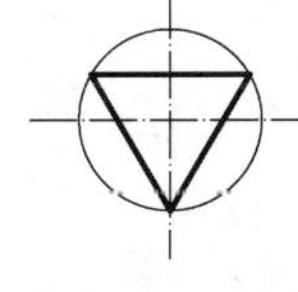
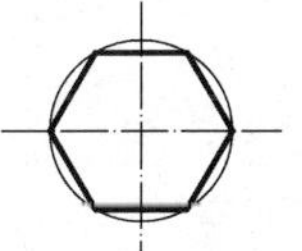
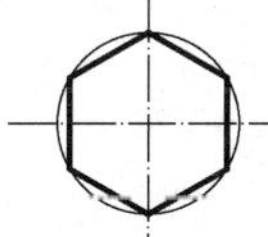

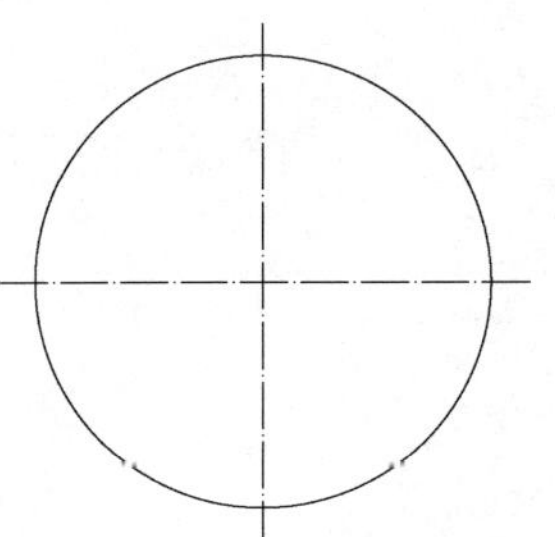
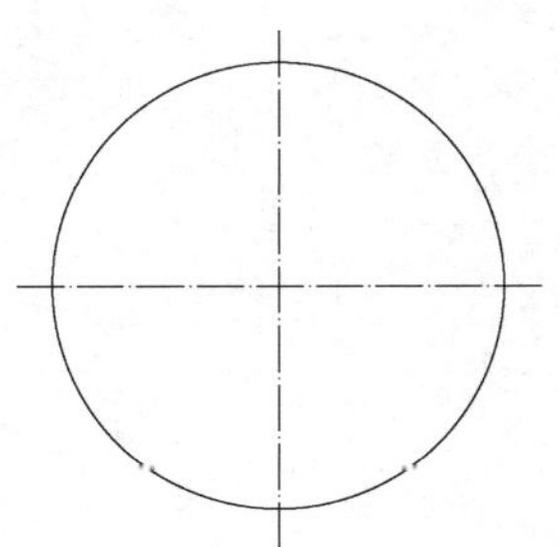
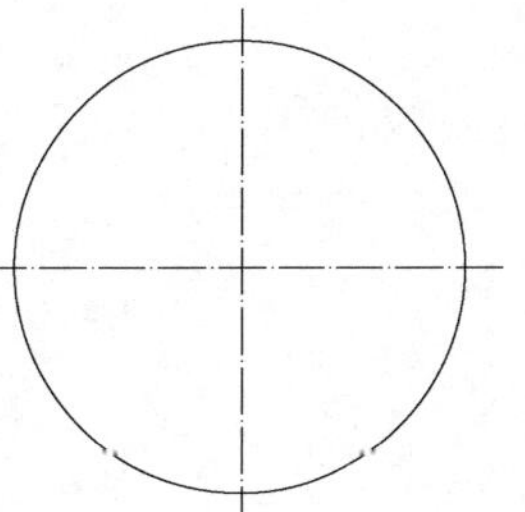
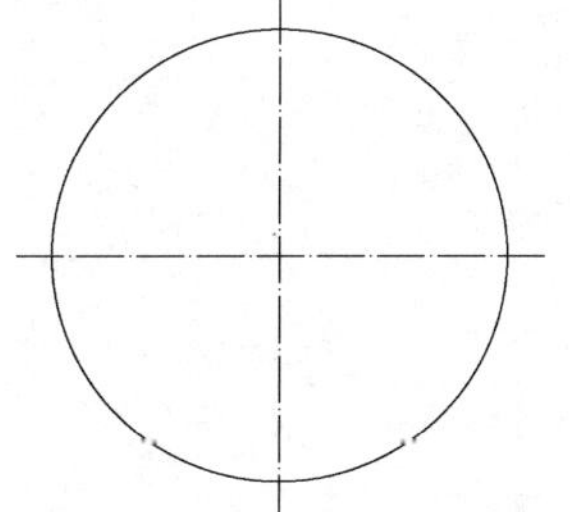

班级　　　　姓名　　　　学号

1-10　等分练习（二）

1. 按图中给定的尺寸（比例 1 ∶ 1）抄画图形，并标注尺寸。

2. 按图中给定的尺寸（比例 1 ∶ 1）抄画图形，并标注尺寸。

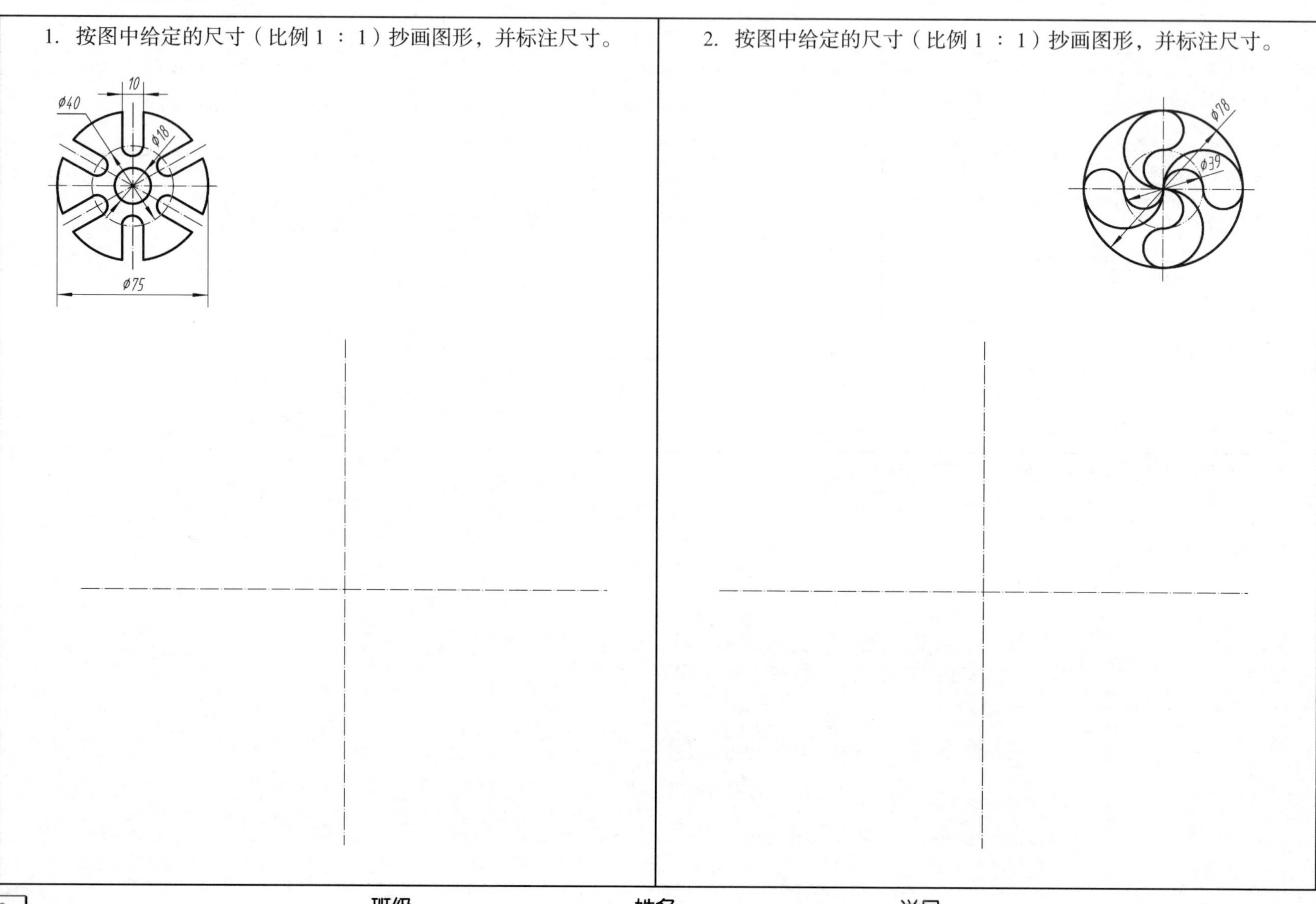

班级　　姓名　　学号

1-11　根据图例，按 1 ：1 的比例完成下列图形的线段连接，标出连接弧圆心和切点，保留作图线（一）

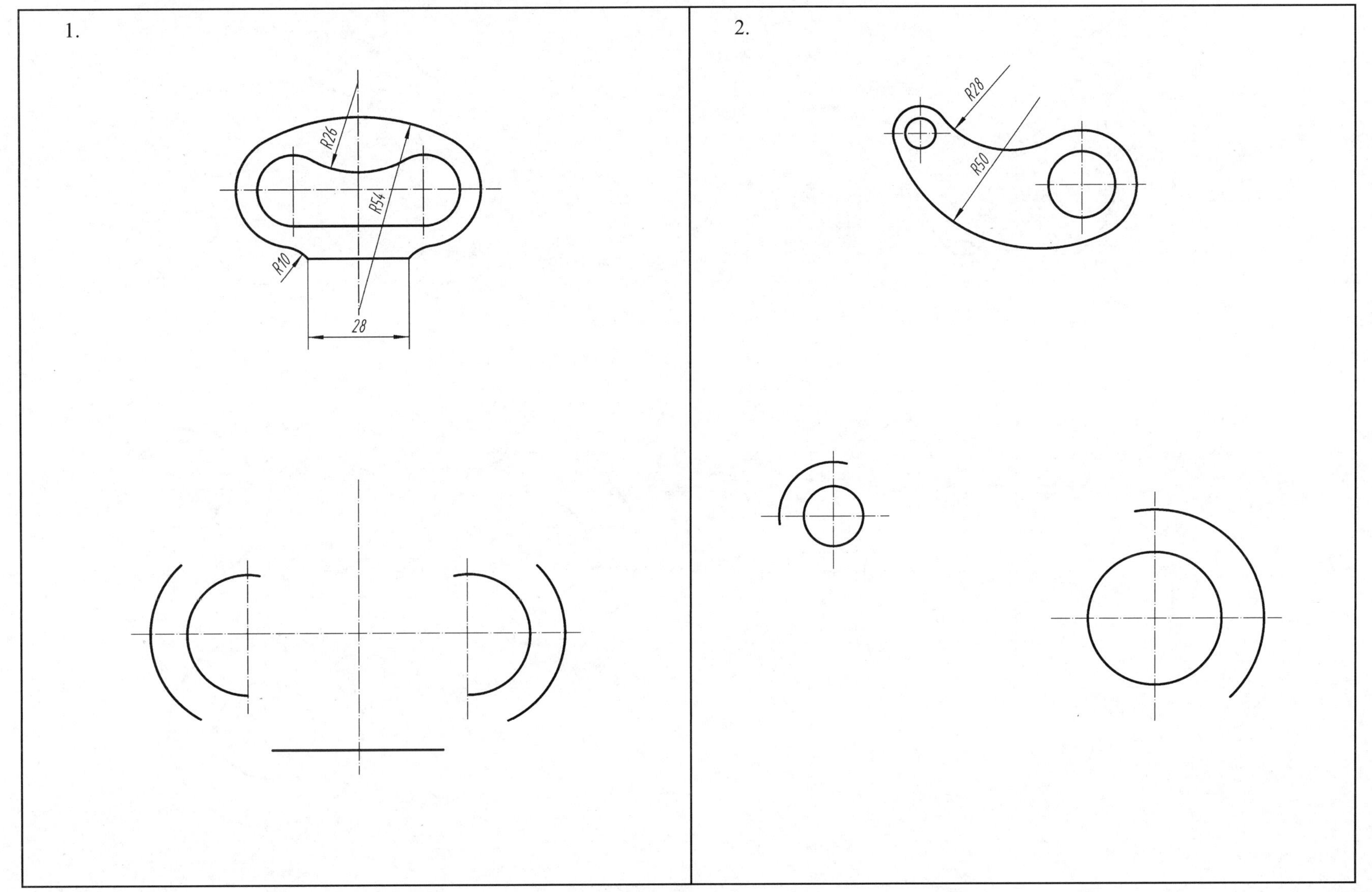

班级　　　　姓名　　　　学号

1-12　根据图例，按 1 ： 1 的比例完成下列图形的线段连接，标出连接弧圆心和切点，保留作图线（二）

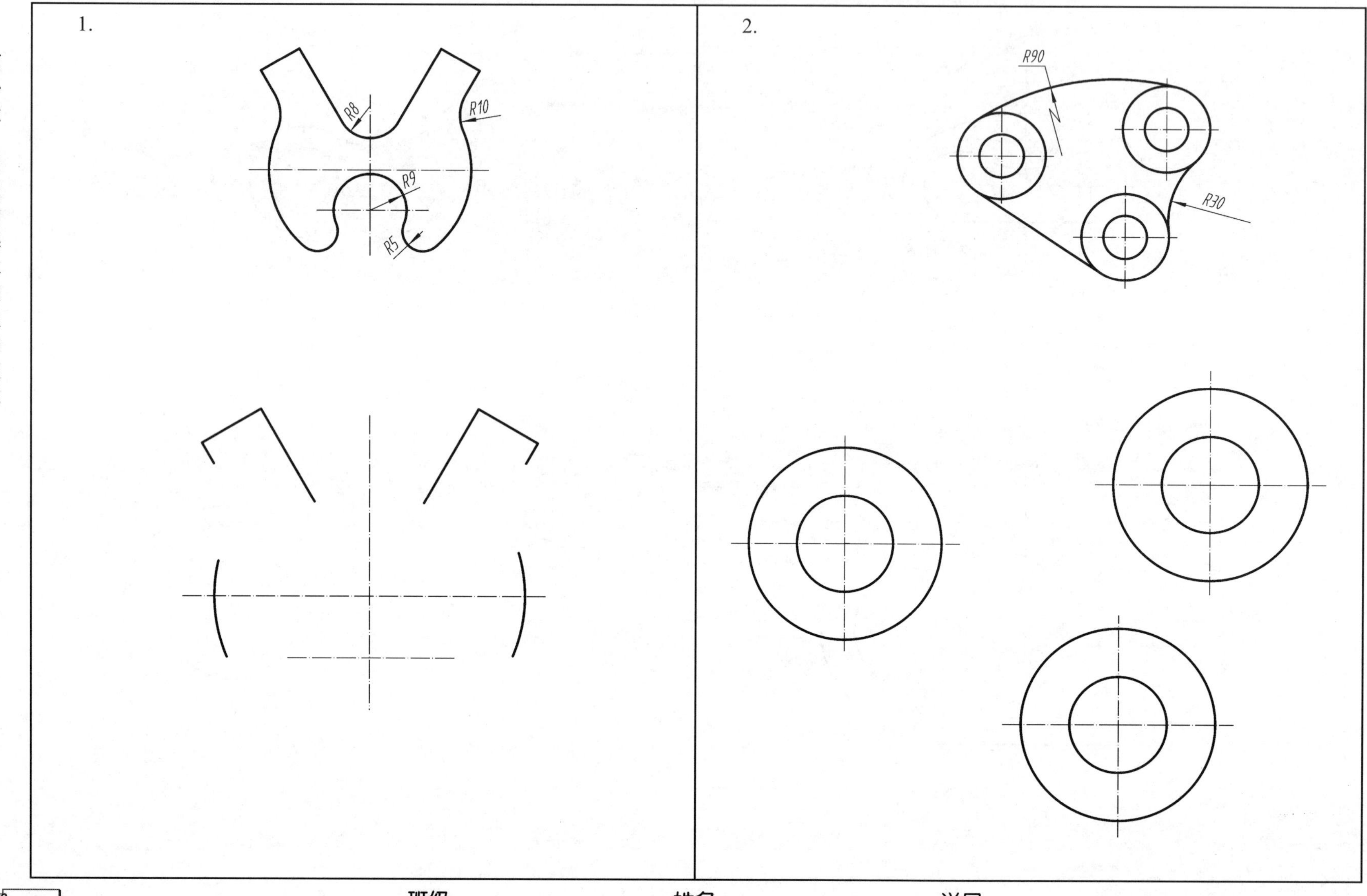

班级　　　　　　　　姓名　　　　　　　　学号

1. 按小图中给定的斜度，补画下列图形中的缺线。

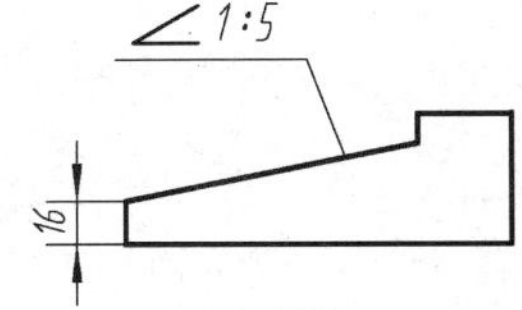

2. 按小图中给定的尺寸（比例 1 ： 1）抄画图形，并标注斜度。

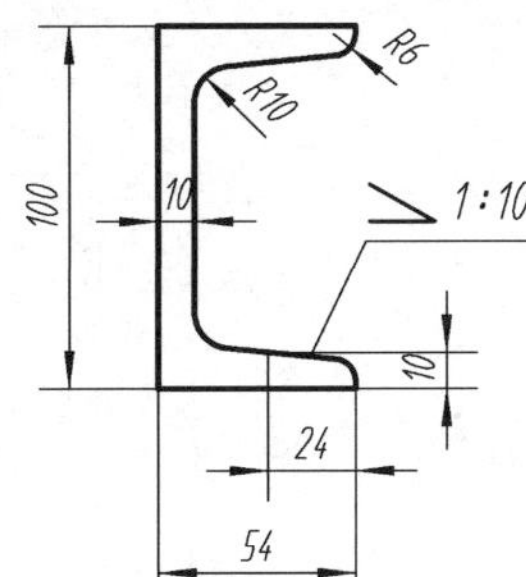

1. 按给定的锥度，补画下列图形中的缺线。

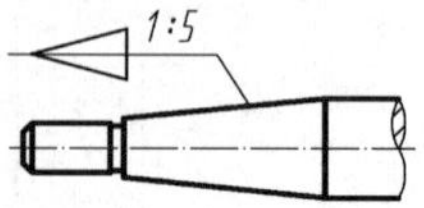

1:5

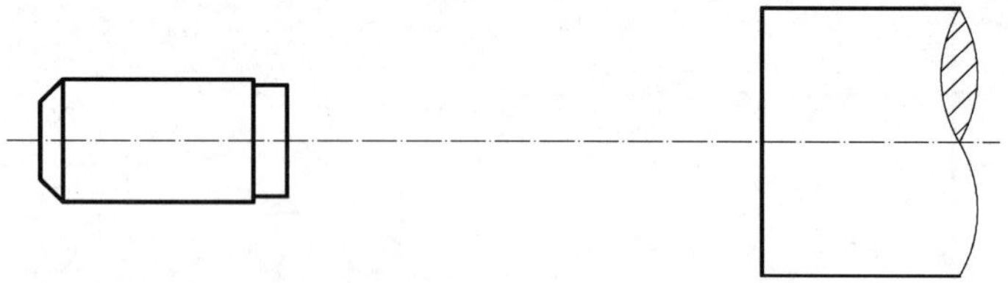

2. 按图中给定的尺寸（比例 1 ： 1）抄画图形，并标注锥度。

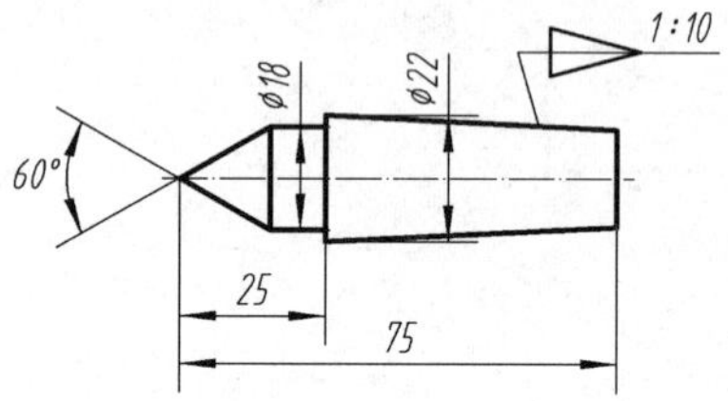

1:10

ϕ18

ϕ22

60°

25

75

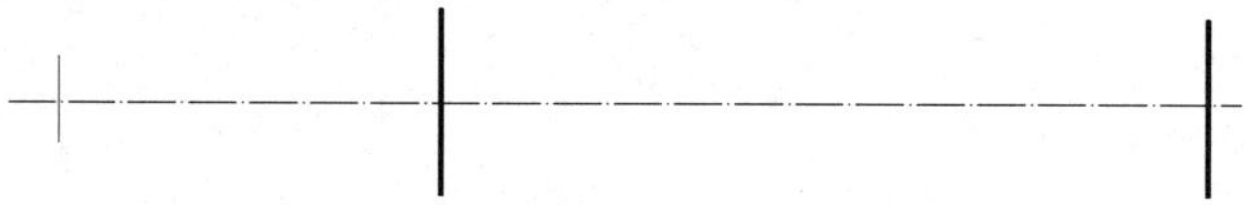

班级　　姓名　　学号

1-15　椭圆的近似画法

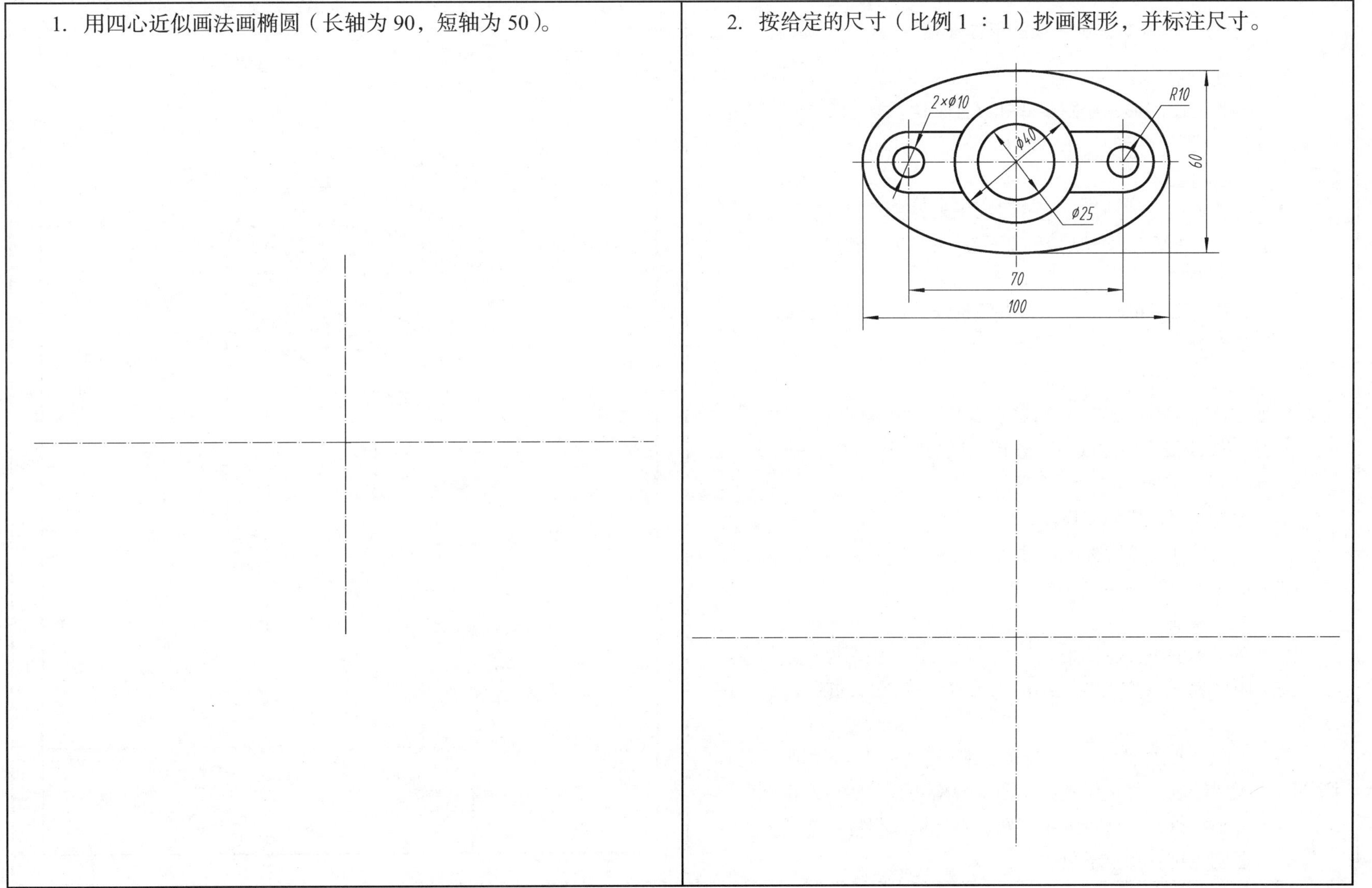

1. 用四心近似画法画椭圆（长轴为 90，短轴为 50）。
2. 按给定的尺寸（比例 1 ： 1）抄画图形，并标注尺寸。
2×ϕ10
R10
ϕ40
ϕ25
60
70
100

№2 抄画平面图形作业指导书

一、作业目的

（1）熟悉平面图形的绘图步骤和尺寸注法。

（2）掌握线段连接的作图方法和技巧。

二、内容与要求

（1）按教师指定的图例，绘制平面图形并标注尺寸。

（2）用 A4 图纸，自己选定绘图比例。

三、作图步骤

（1）分析图形中的尺寸作用及线段性质，确定作图步骤。

（2）画底稿。

① 画图框、对中符号和标题栏。

② 画出图形的基准线、对称中心线及圆的中心线等。

③ 按已知线段、中间线段、连接线段的顺序，画出图形。

④ 画出尺寸界线、尺寸线。

（3）检查底稿，描深图形。

（4）标注尺寸、填写标题栏。

（5）校对，修饰图面。

四、注意事项

（1）布置图形时，应留足标注尺寸的位置，使图形布置匀称。

（2）画底稿时，作图线应细淡而准确，连接弧的圆心及切点要准确。

（3）加深时必须细心，按“先粗后细、先曲后直、先水平后垂直、倾斜”的顺序绘制，尽量做到同类图线规格一致，线段连接光滑。

（4）箭头应符合规定且大小一致。不要漏注尺寸或漏画箭头。

五、图例（见右图及下页图）

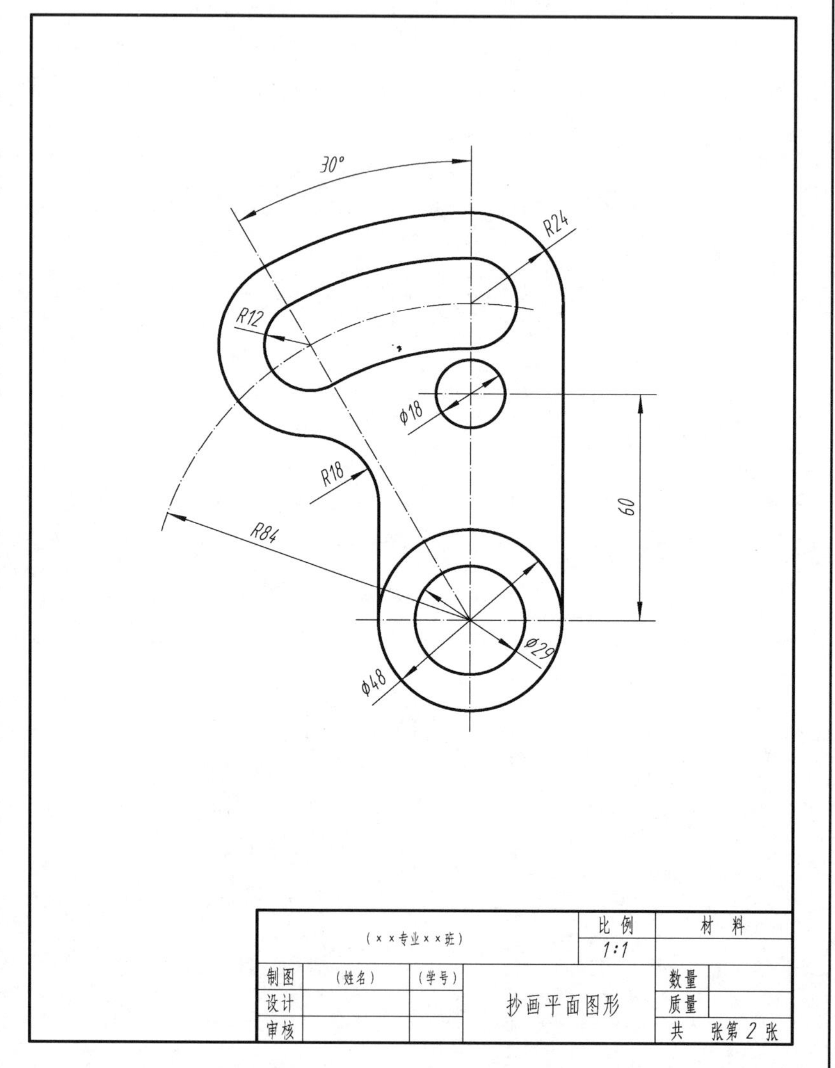

班级　　姓名　　学号

R18
R10
40
18
R20
60°
20°
20°
55
R67
φ90
R9
R18
φ45
R10
（××专业××班）
比例
材料
1:1
制图
（姓名）
（学号）
设计
审核
抄画平面图形
数量
质量
共 张第 2 张

72
R24
R16
R5
46.4
45
56
96
R27
R16
168
R40
R32
60°
R4
R6.5
24
15°
R4
（××专业××班）
比例
材料
1:1
制图
（姓名）
（学号）
设计
审核
抄画平面图形
数量
质量
共 张第 2 张

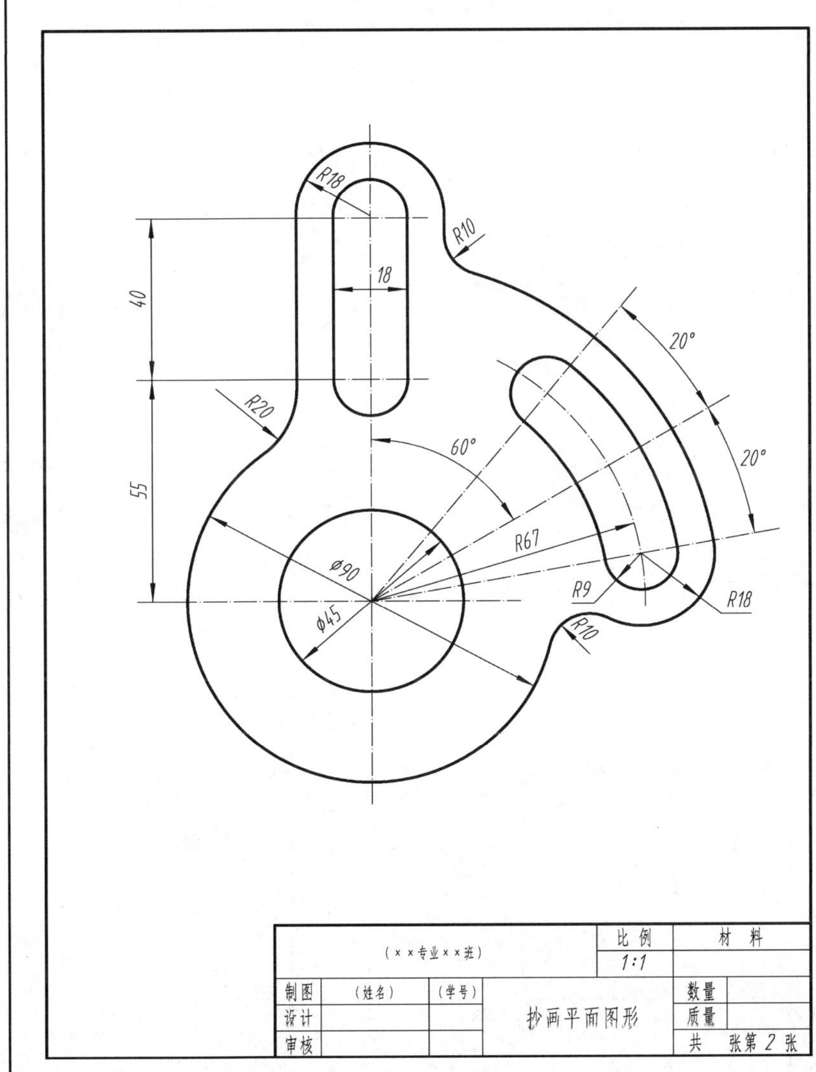

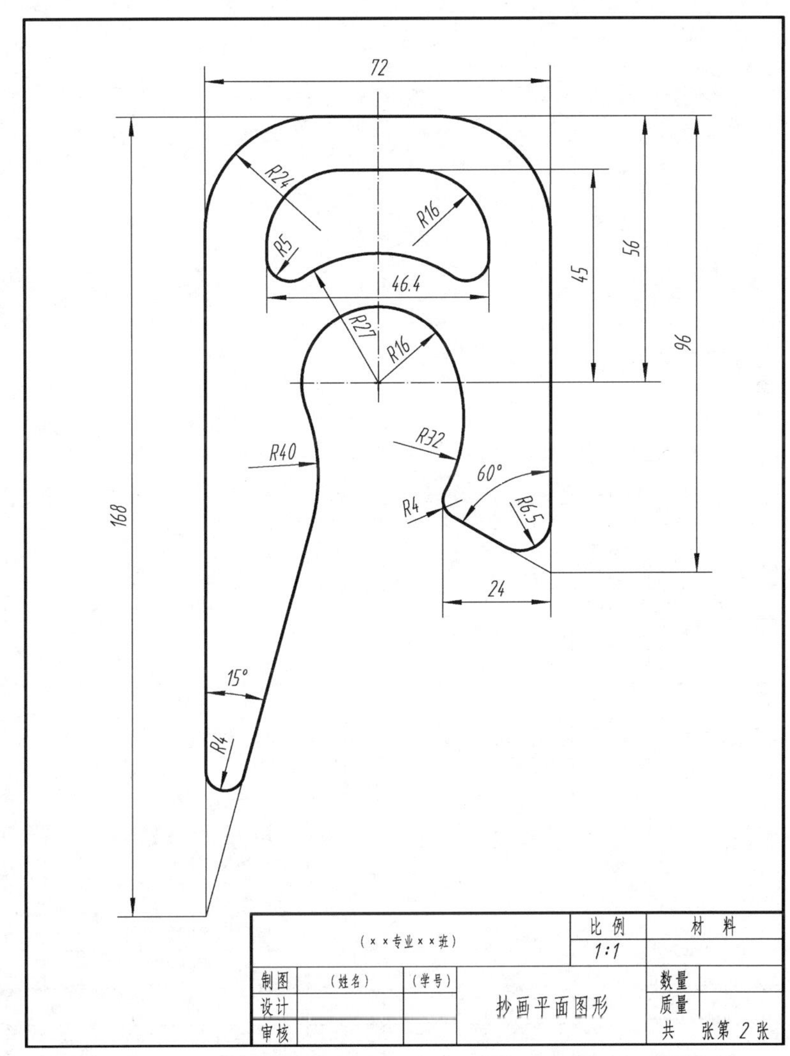

班级 姓名 学号

1-18　徒手抄画下列图形，比例 1 ∶ 1，不注尺寸（一）

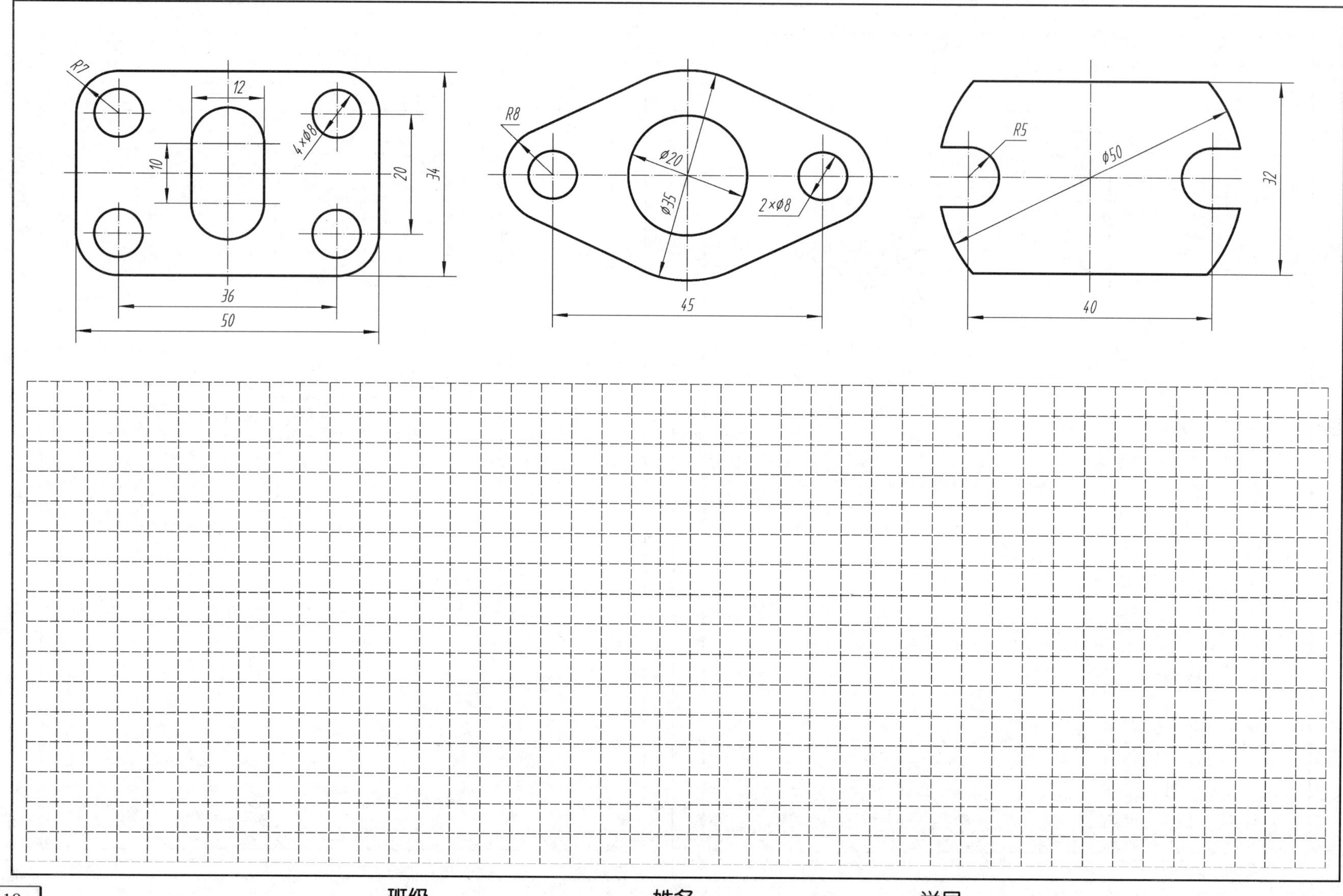

班级　　　　姓名　　　　学号

1-19　徒手抄画下列图形，比例 1 ： 1，不注尺寸（二）

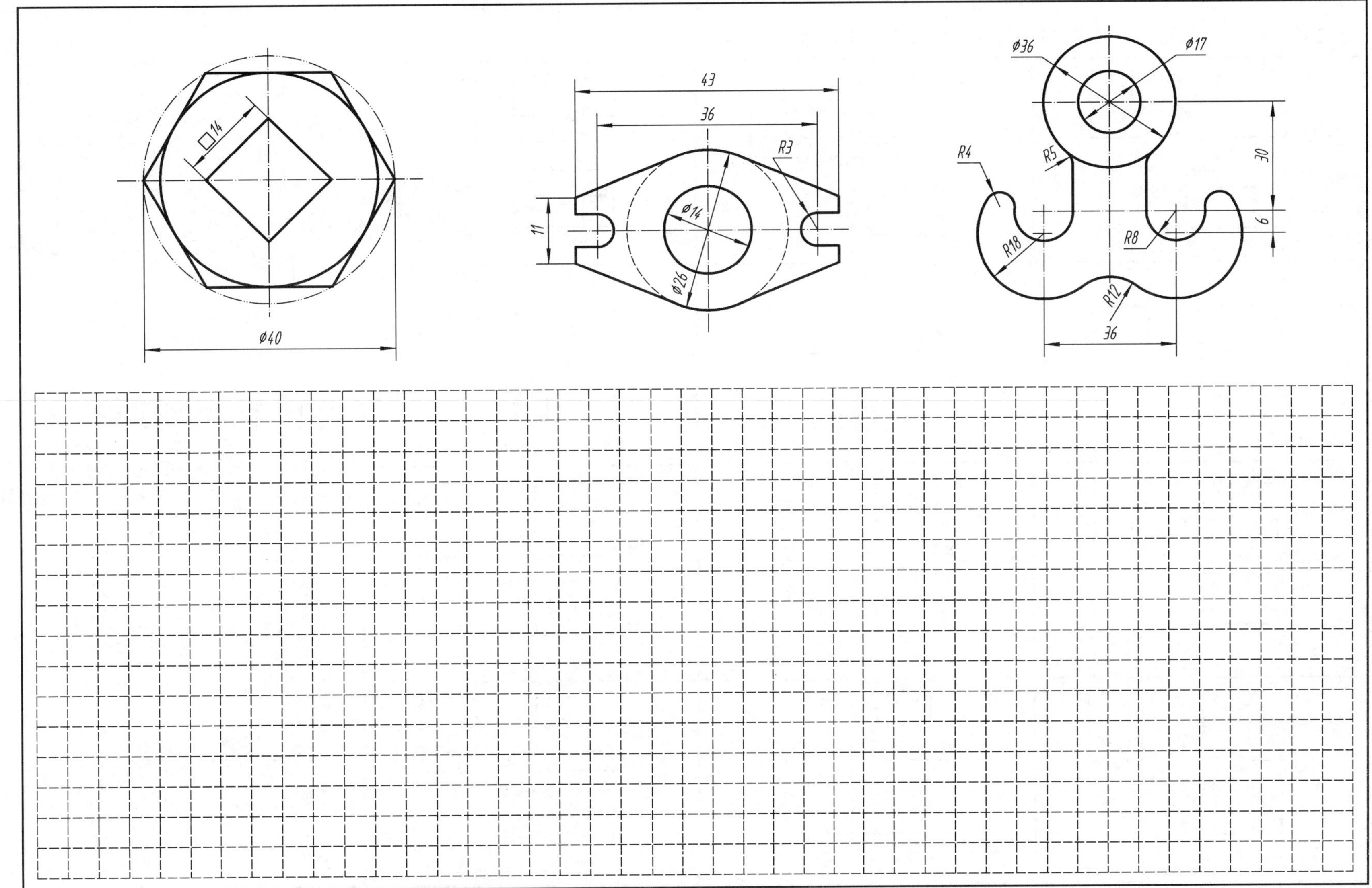

第一章　制图的基本知识和技能

班级　　　　姓名　　　　学号

第二章　投影基础

2-1　根据轴测图找三视图，并在圆圈内填写对应的编号

(1)

(2)

(3)

(4)

(5)

(6)

(7)

(8)

(9)

(10)

(11)

(12)

班级　　　　　　姓名　　　　　　学号

2-2 参照轴测图，补画视图中所缺的图线（一）

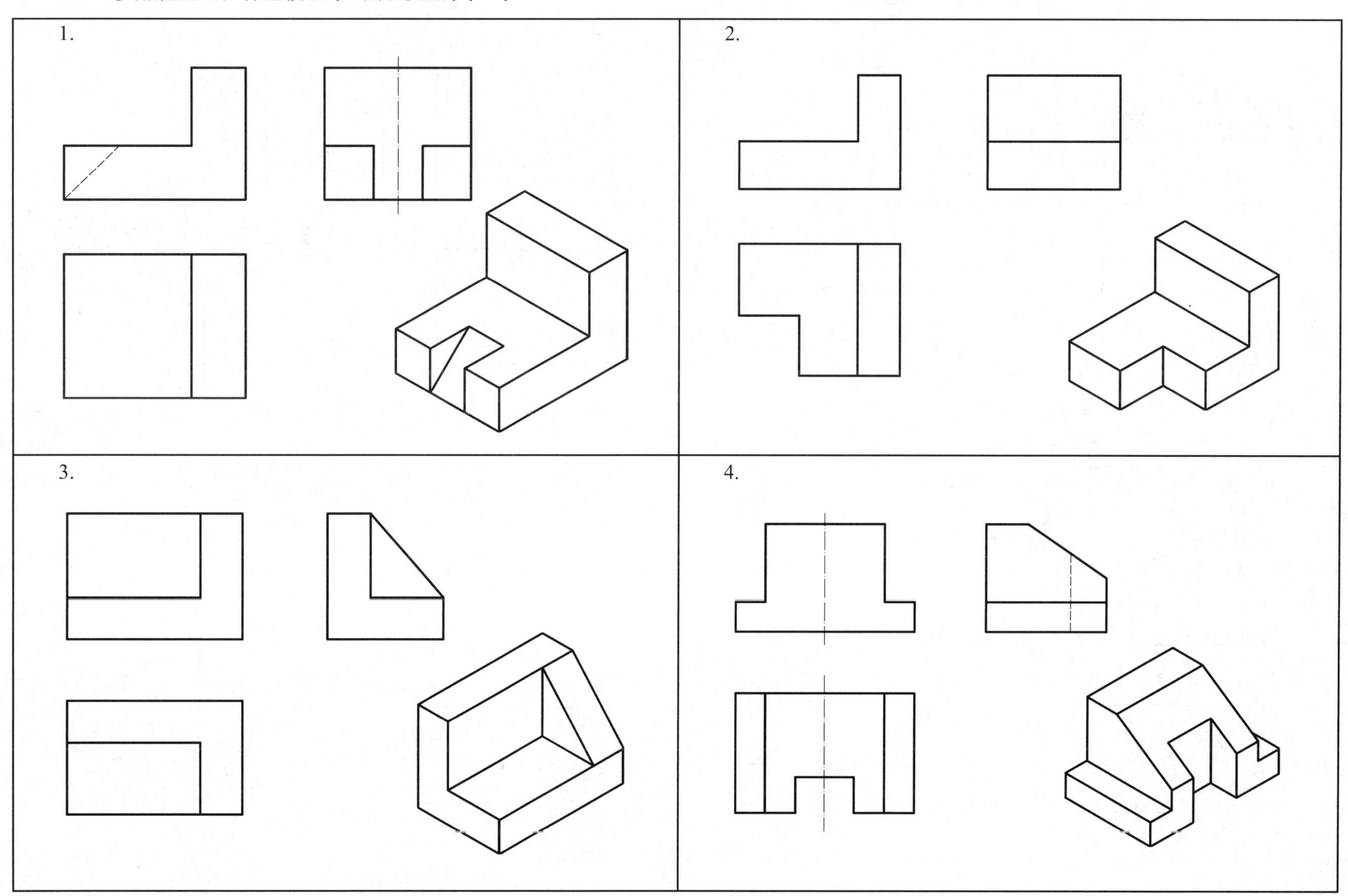

班级 姓名 学号

2-3　参照轴测图，补画视图中所缺的图线（二）

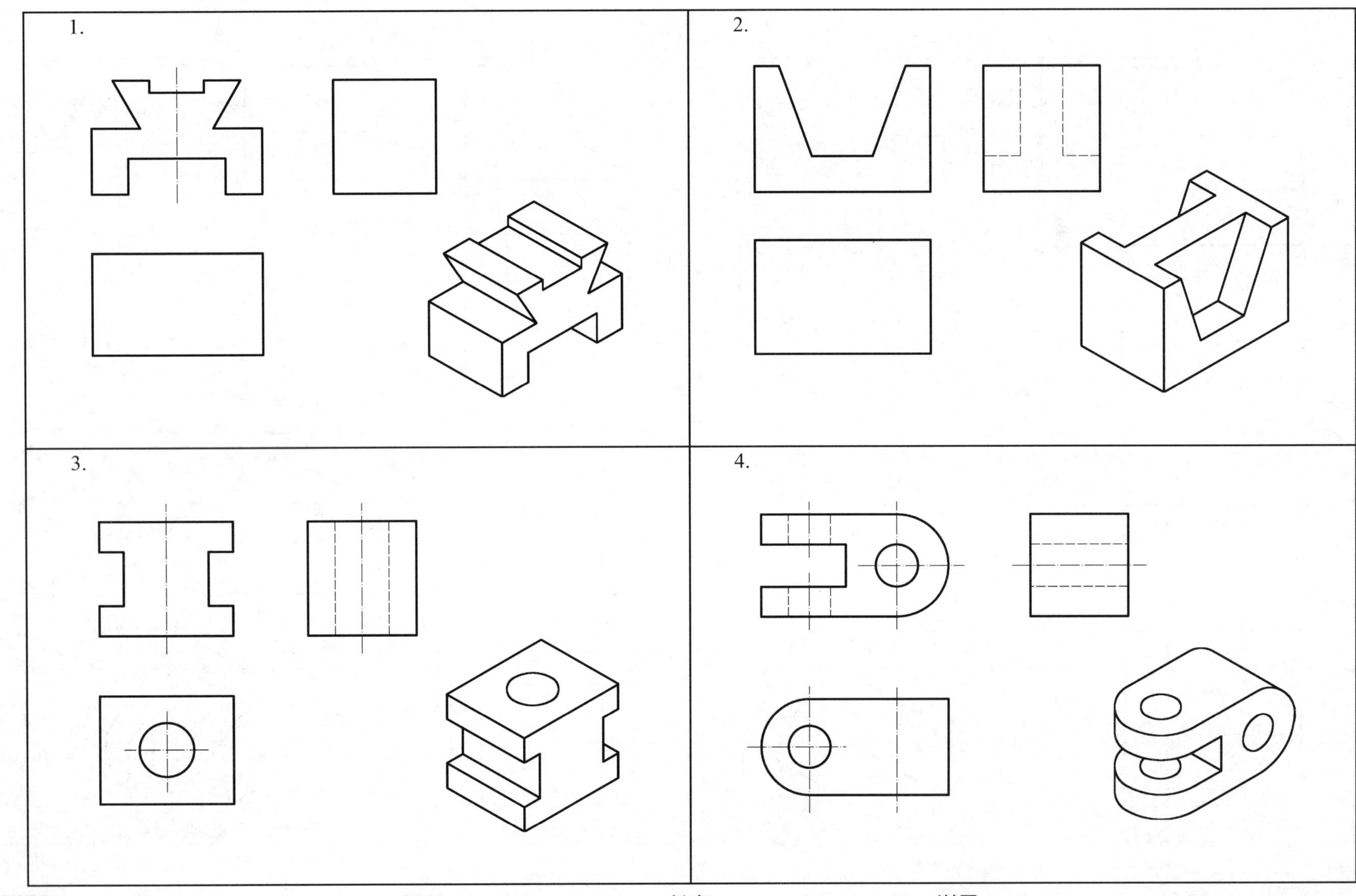

班级　　姓名　　学号

2-4　看懂三视图，补画视图中所缺的图线

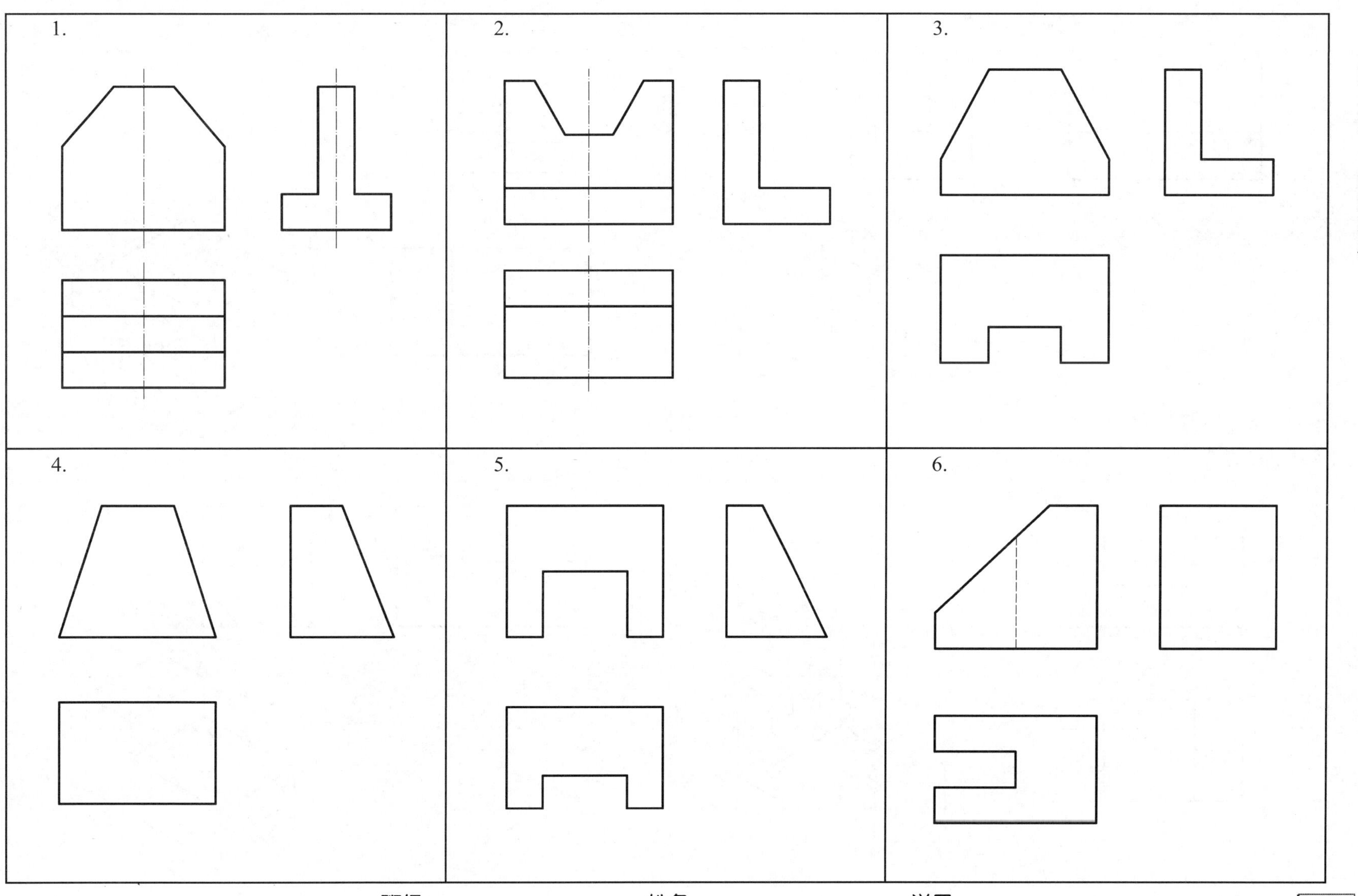

班级　　　　姓名　　　　学号

2-5　参照轴测图，补画第三视图

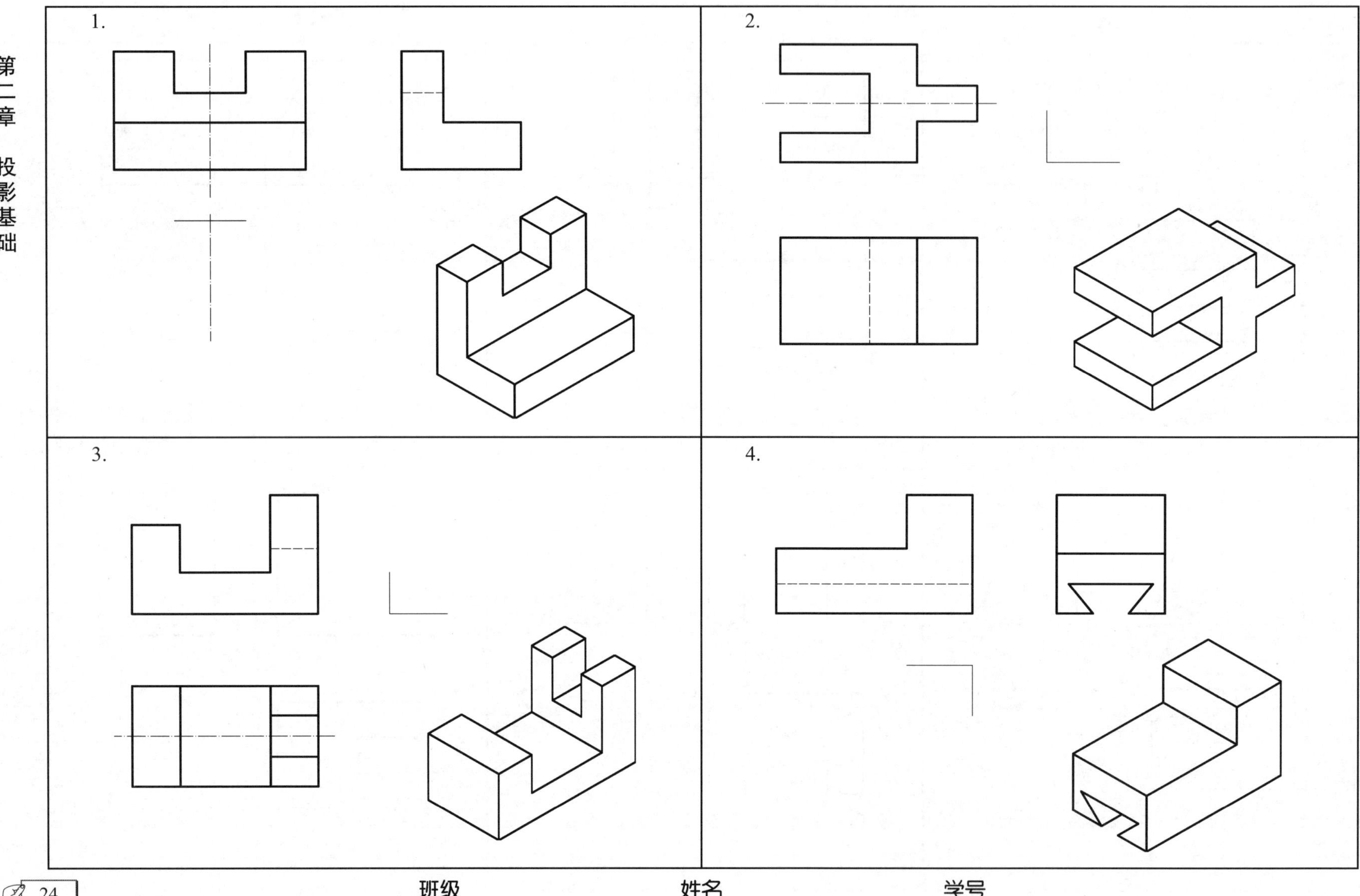

班级　　　　姓名　　　　学号

2-6　根据轴测图，目测比例，按 1 ： 1 的比例徒手绘制其三视图（一）

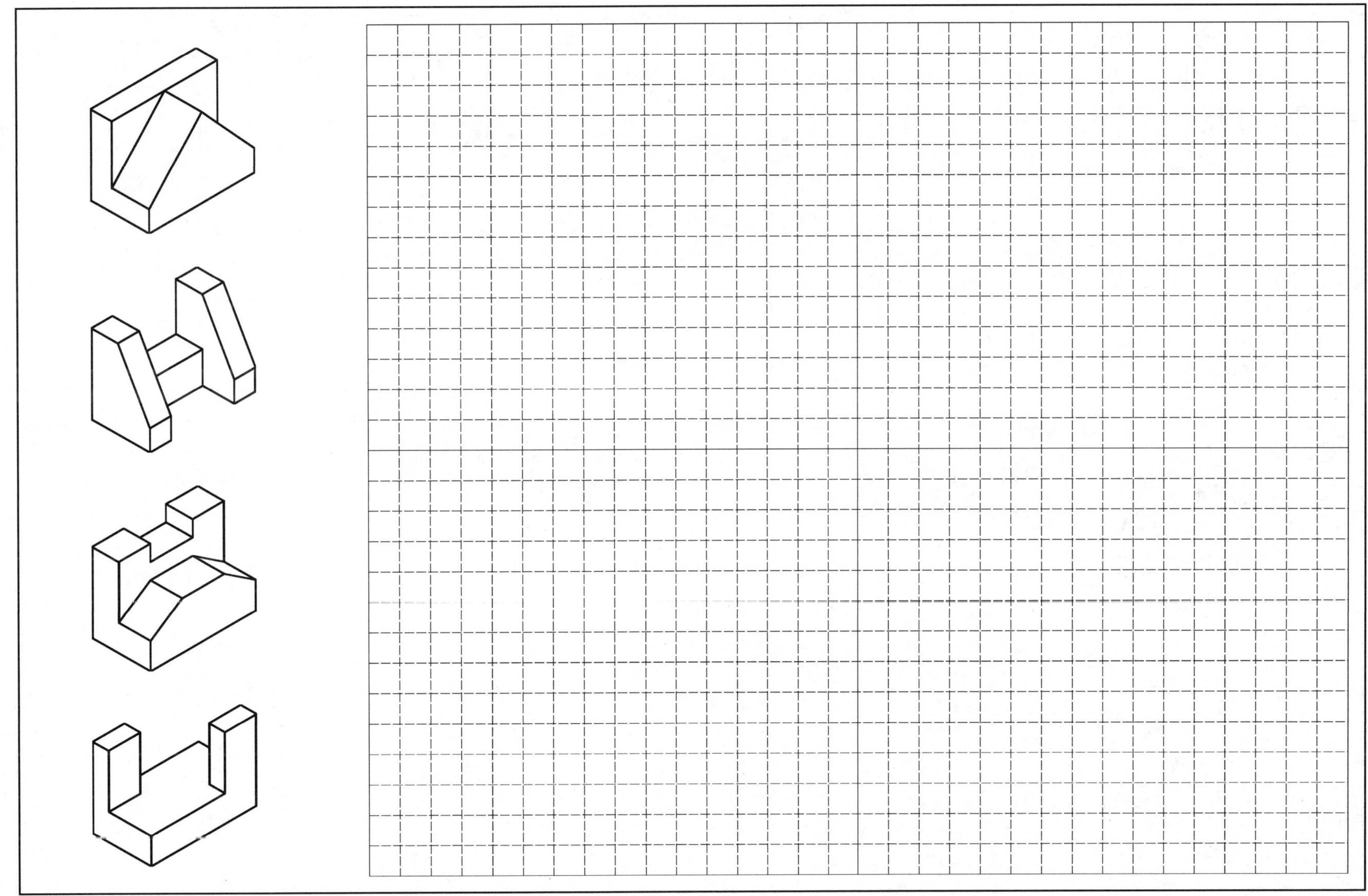

班级　　　　姓名　　　　学号

2-7　根据轴测图，目测比例，按 1 ∶ 1 的比例徒手绘制其三视图（二）

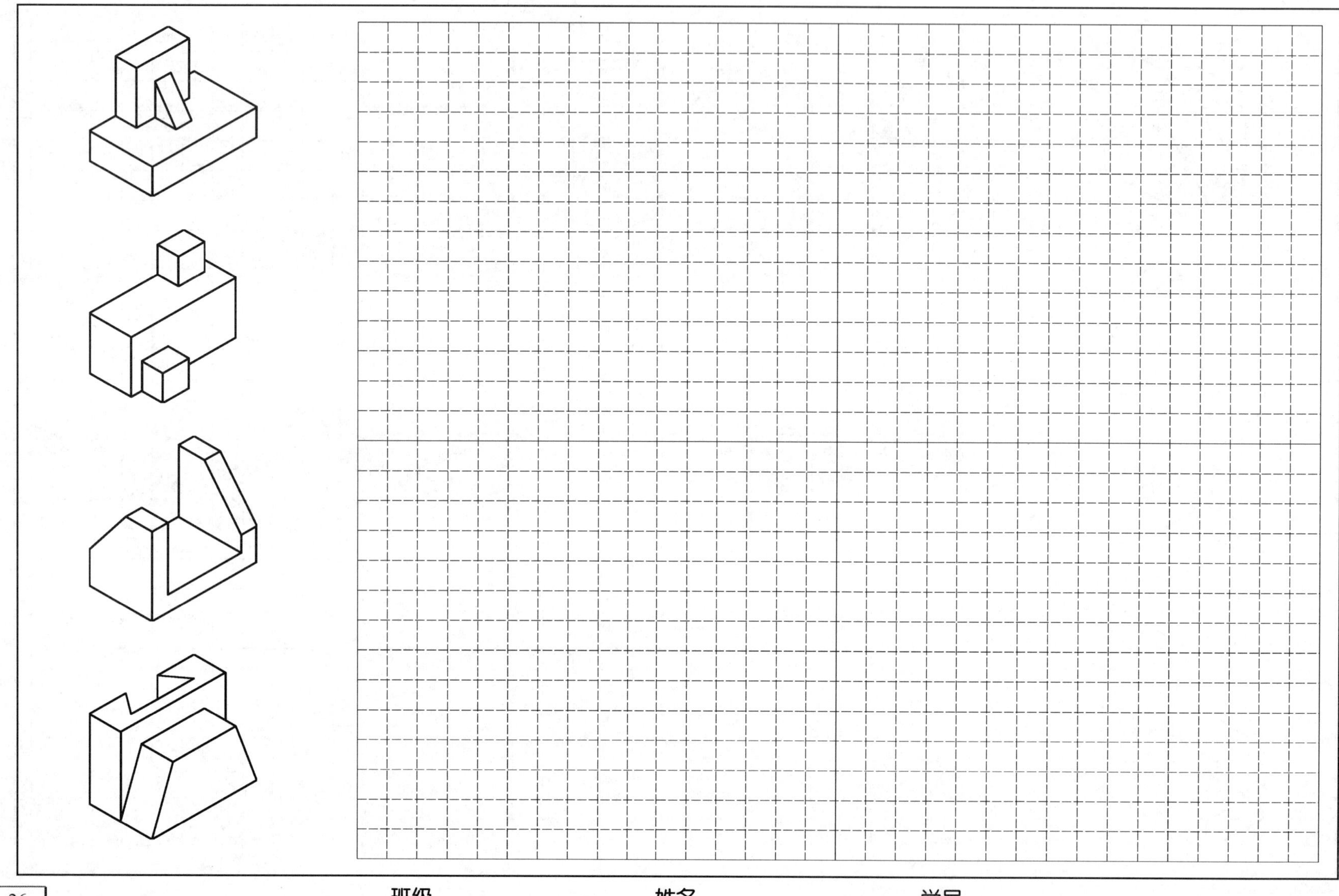

班级　　　　　　　　姓名　　　　　　　　学号

2-8 点的投影

1. 已知点的两面投影，求作第三投影。

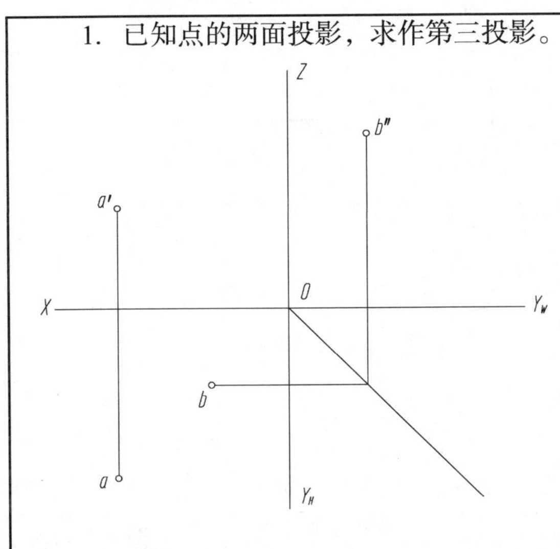

2. 由点的投影中量取坐标值（取整数），并记入括号中。

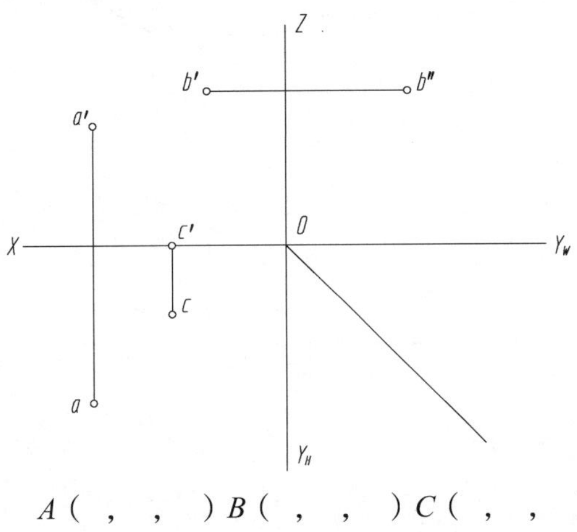

A（ ， ， ）B（ ， ， ）C（ ， ， ）

3. 作点 A（10，30，20）、点 B（25，20，10）的三面投影。

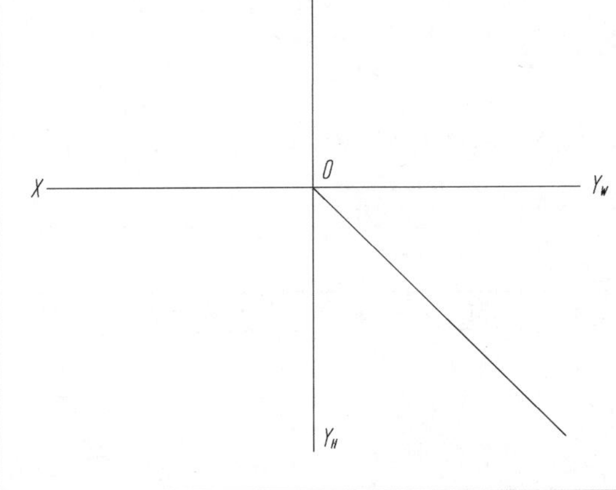

4. 已知点 G 距 V 面 20 mm，距 H 面 15 mm，距 W 面 25 mm，求其三面投影。

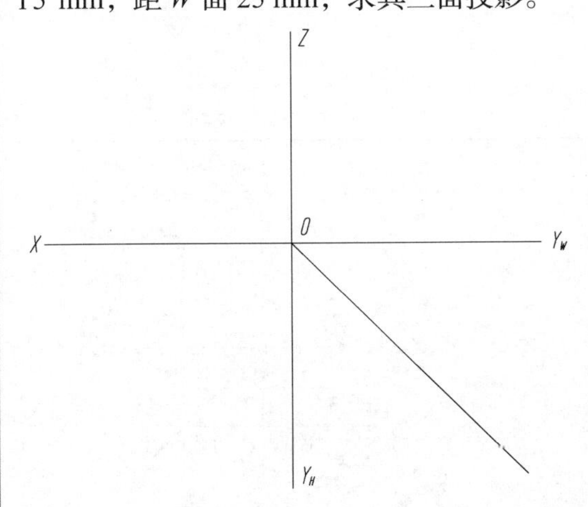

5. 已知点 A 和点 B 的一面投影，点 A 距 V 面 20 mm，点 B 距 W 面 10 mm，求作点 A 和点 B 的另两面投影。

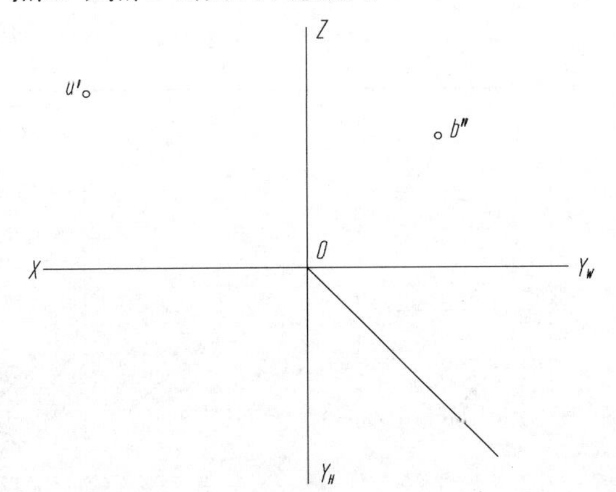

6. 已知点 D、E、F 的两面投影，求其第三投影。

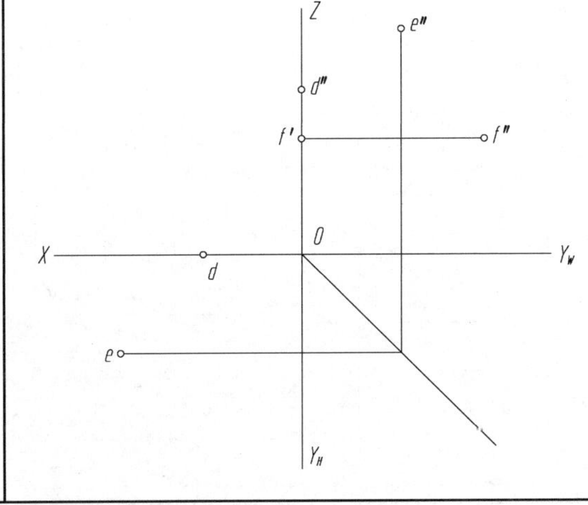

第二章 投影基础

班级 姓名 学号

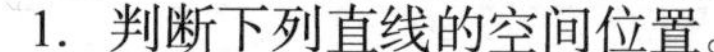

2-9 直线的投影

1. 判断下列直线的空间位置。

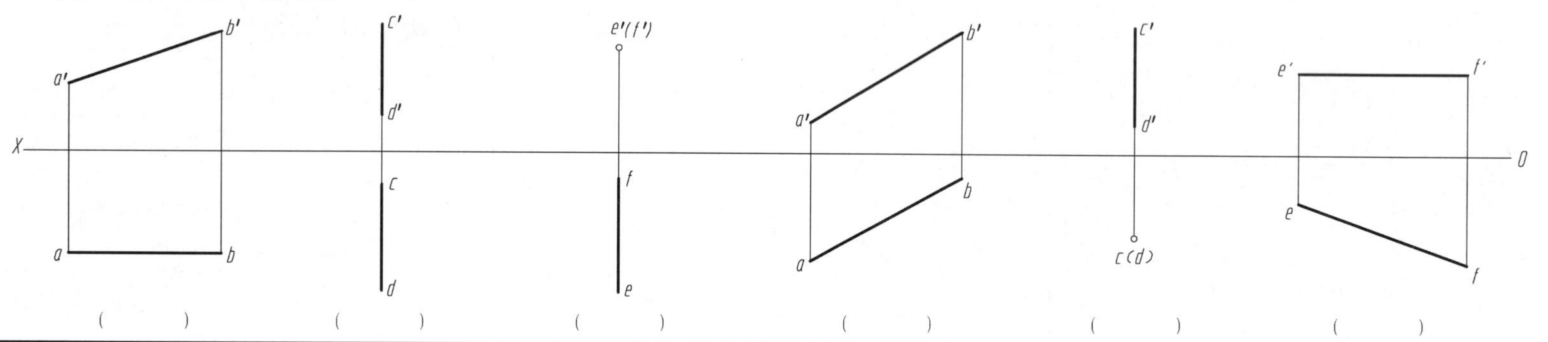

2. 根据已知条件，画全直线的三面投影，并标出直线与投影面的倾角。

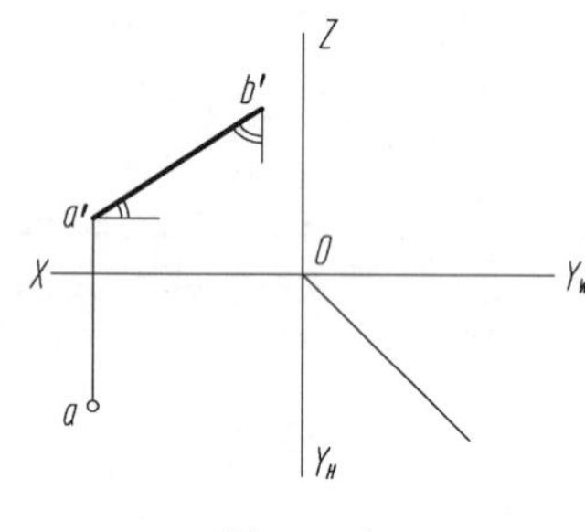

已知：正平线

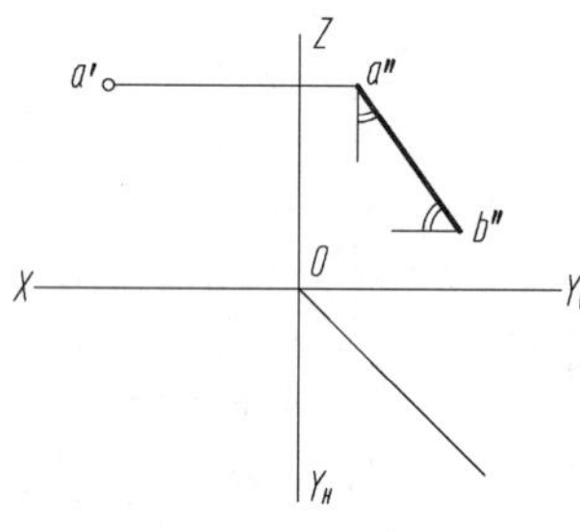

已知：侧平线

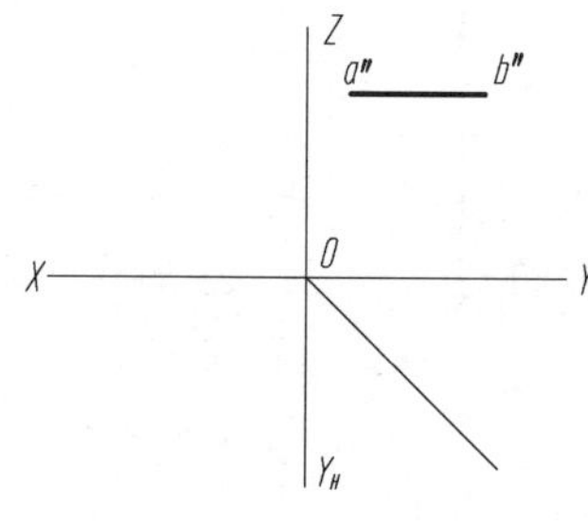

已知：正垂线，距W面15

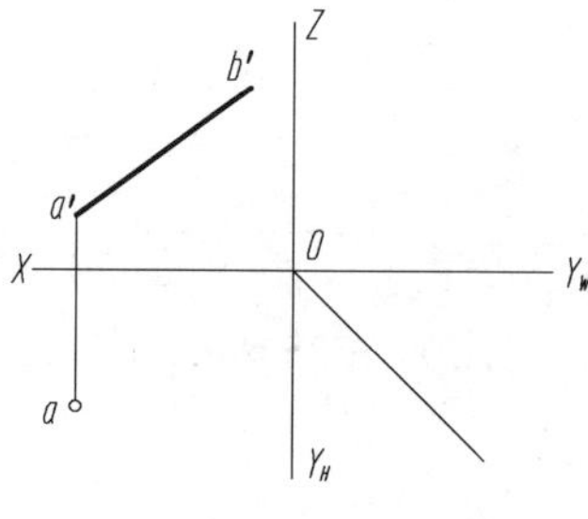

已知：一般位置直线，点B距V面3

3. 根据已知条件，画全直线的三面投影。

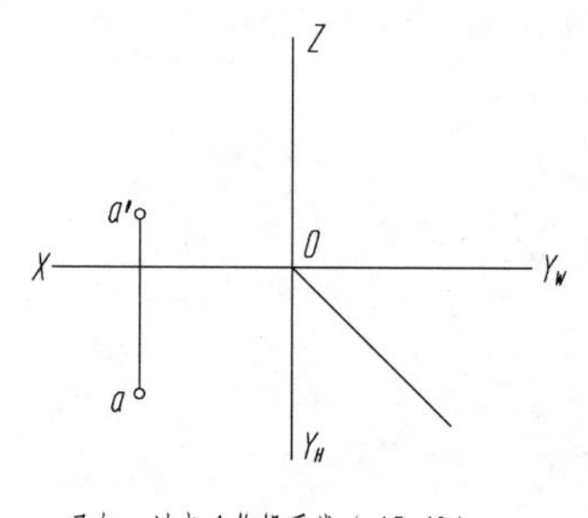

已知：过点A作铅垂线（AB=10）

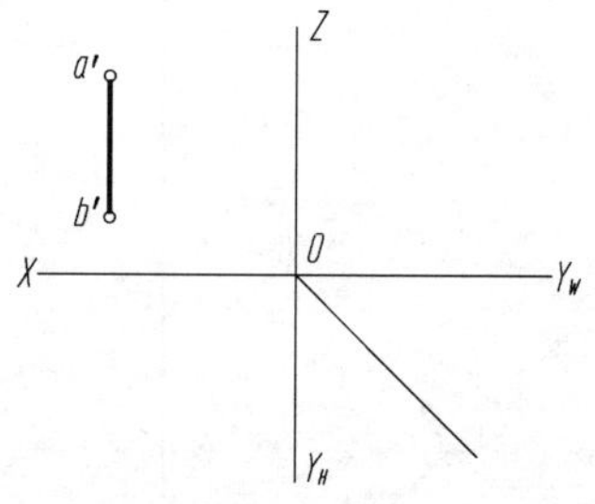

已知：AB为铅垂线，到V、W面距离相等

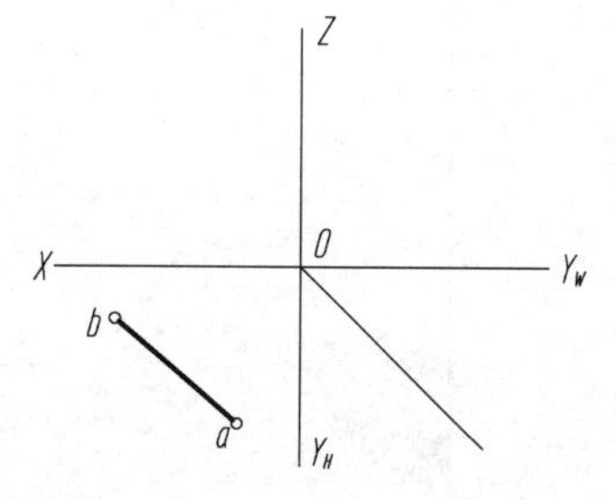

已知：水平线，距H面12

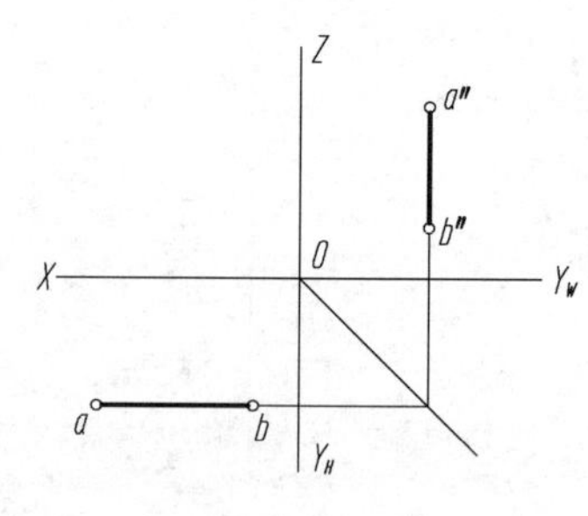

已知：正平线

班级 姓名 学号

2-10　补画平面的第三投影，判别平面的空间位置

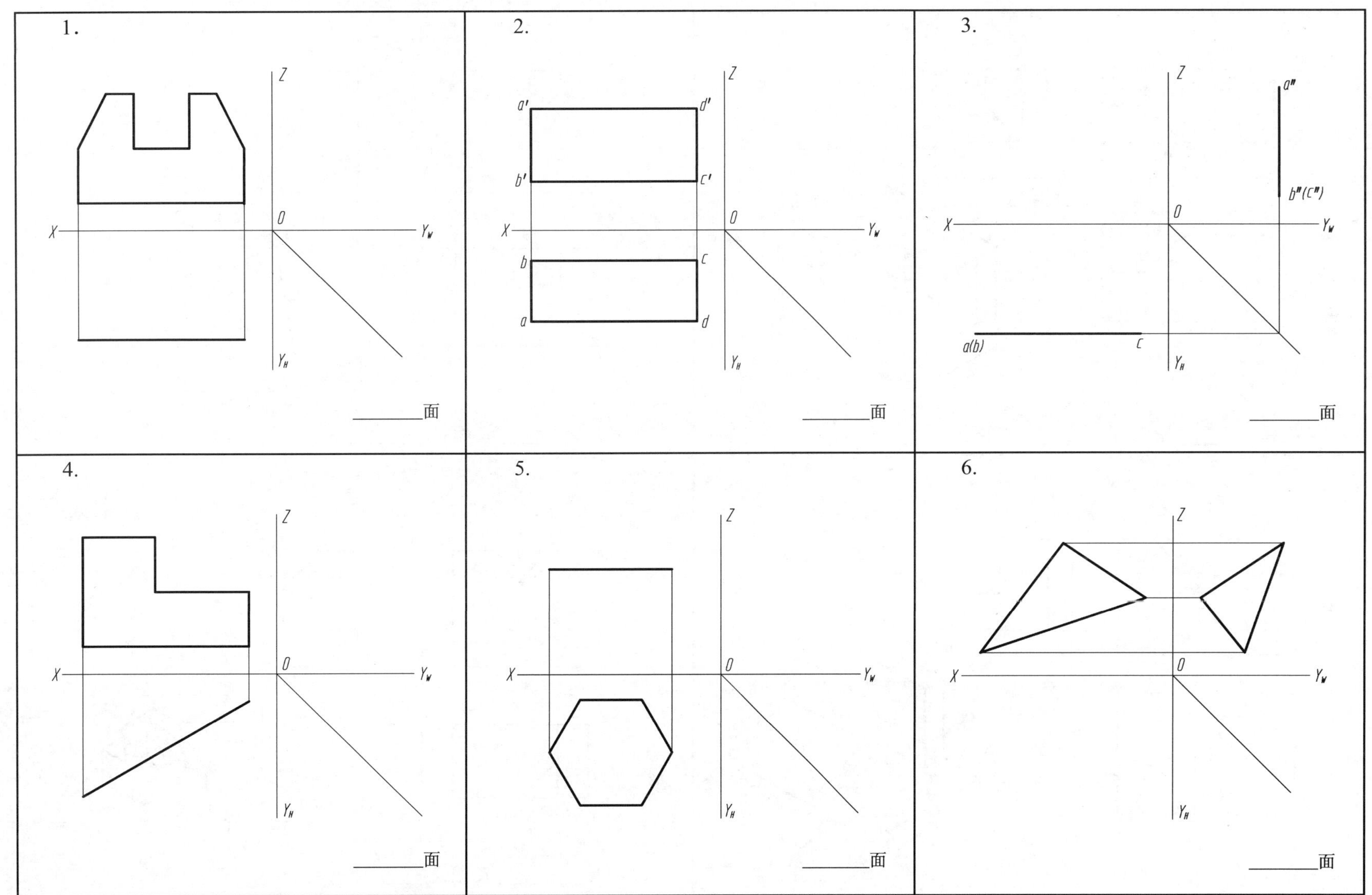

班级　　　　姓名　　　　学号

2-11　在视图中标出指定平面的其他两个投影；在轴测图中用相应的大写字母标出各平面；判别平面的空间位置

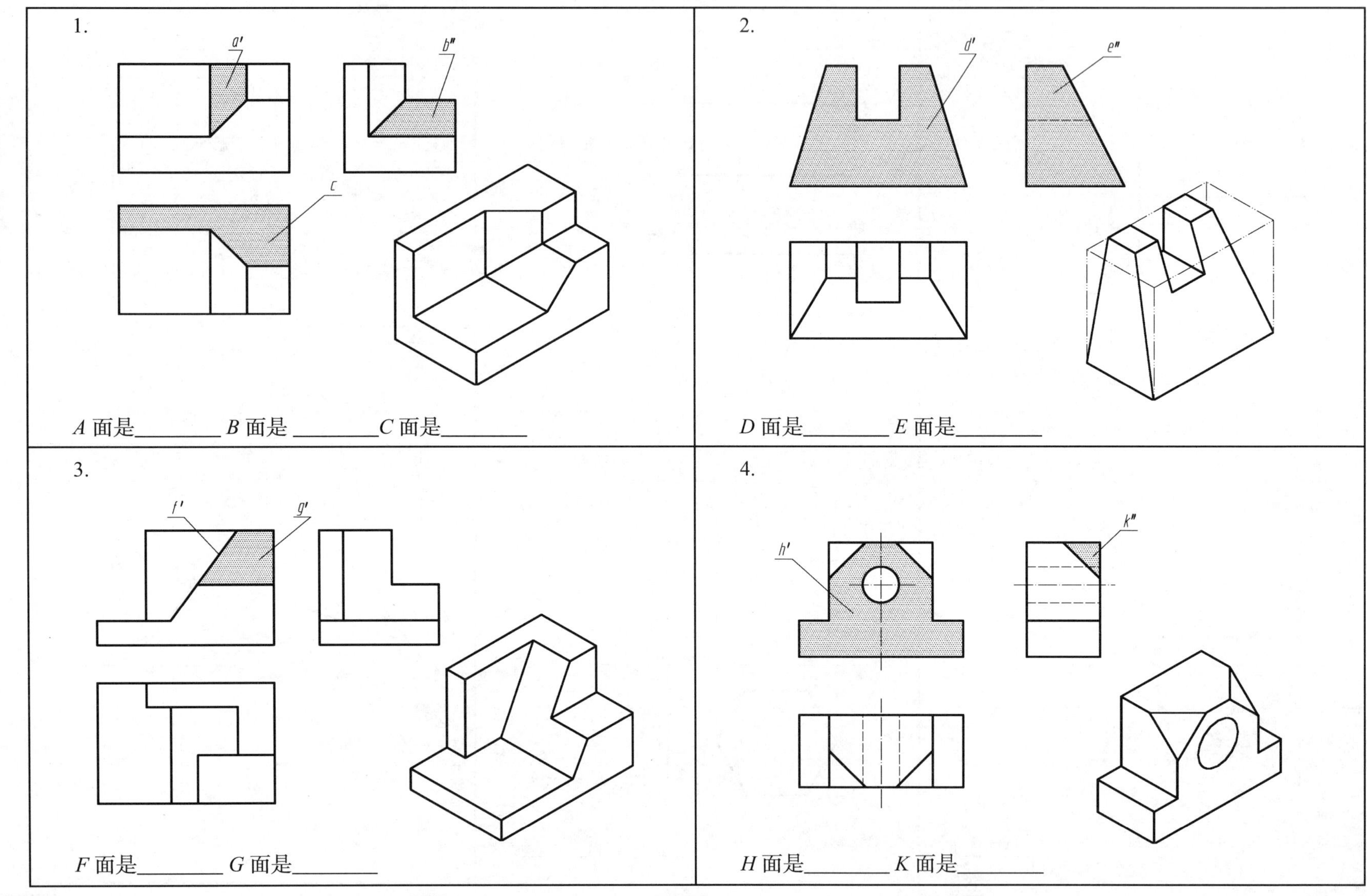

班级　　姓名　　学号

2-12　几何体的投影（一）

1. 补画正六棱柱的左视图。

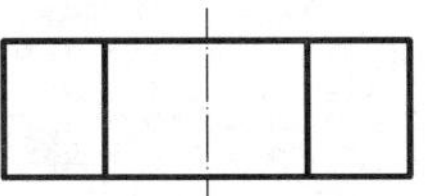
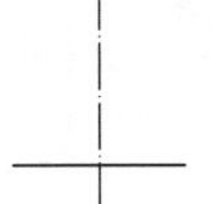
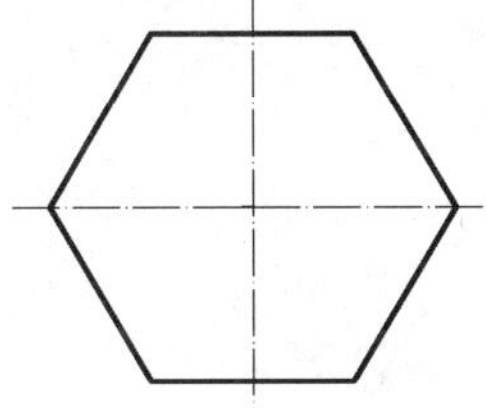
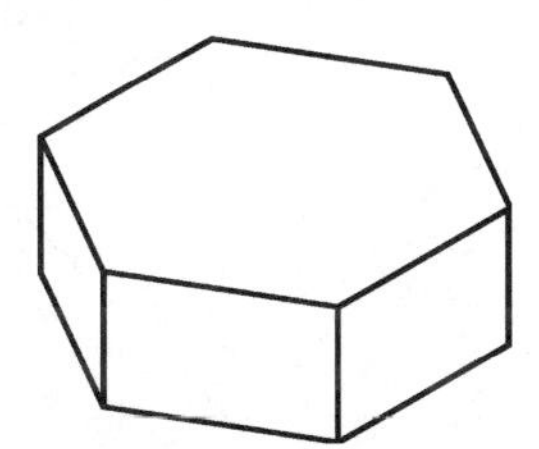

2. 补画正四棱台的俯视图。

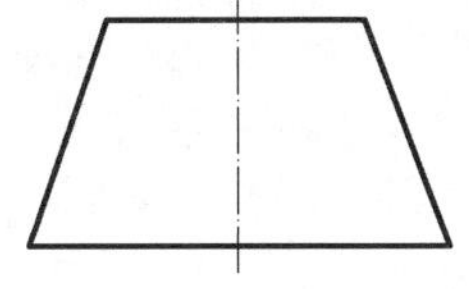
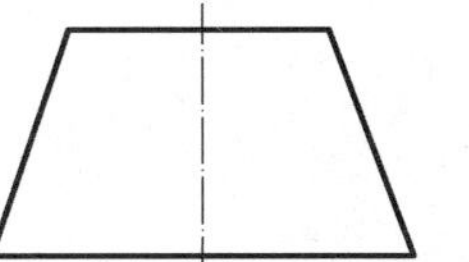
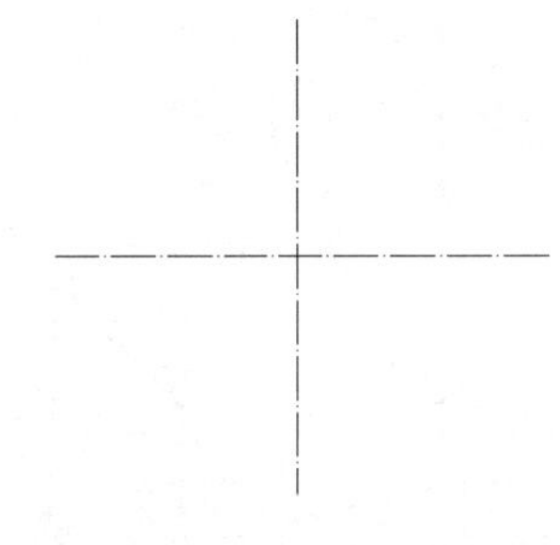
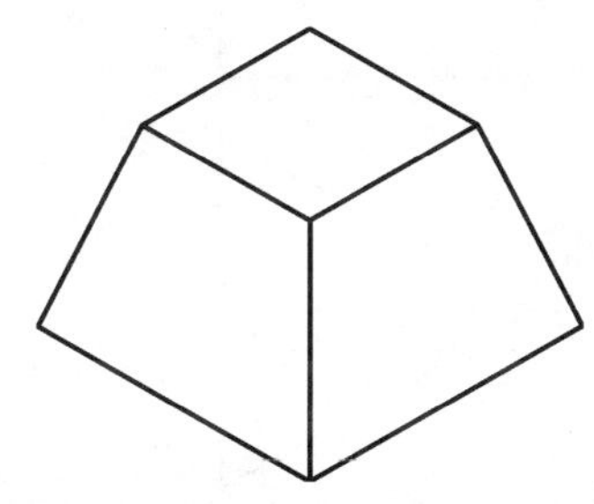

3. 判别点在四棱台表面上的位置，求出其他两面投影。

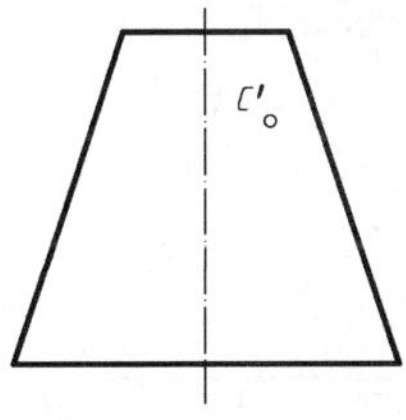

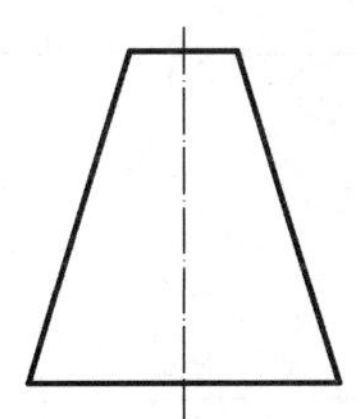
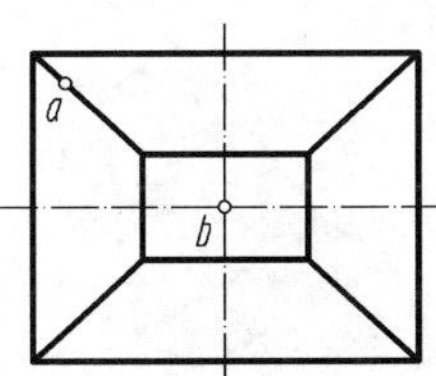

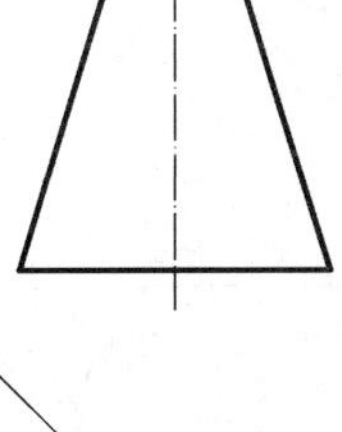
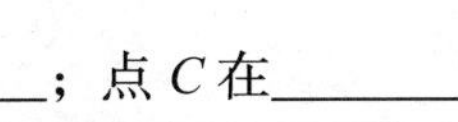

点 A 在________；点 B 在________；点 C 在________

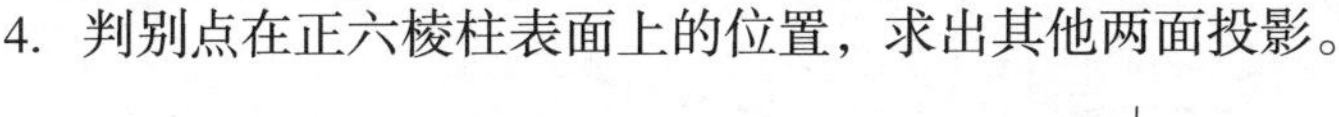
4. 判别点在正六棱柱表面上的位置，求出其他两面投影。

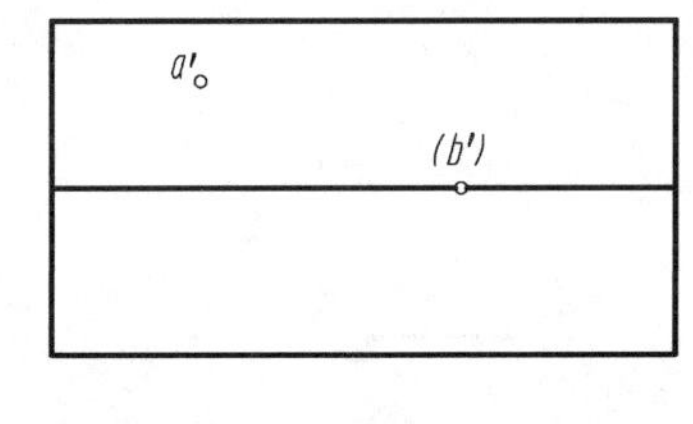

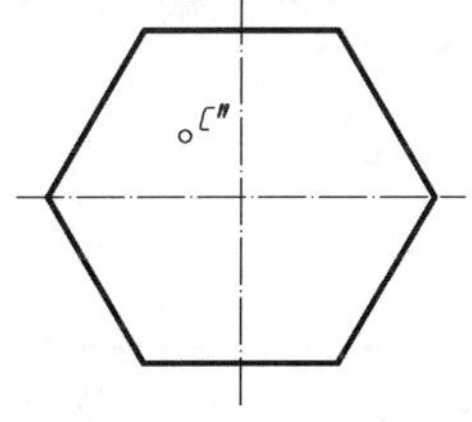

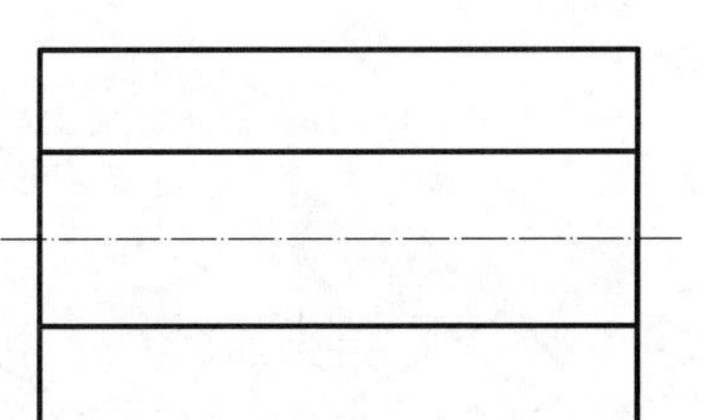
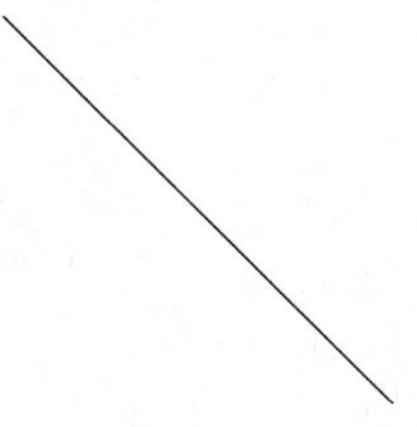

点 A 在________；点 B 在________；点 C 在________

2-13 参考轴测图，补画第三视图（一）

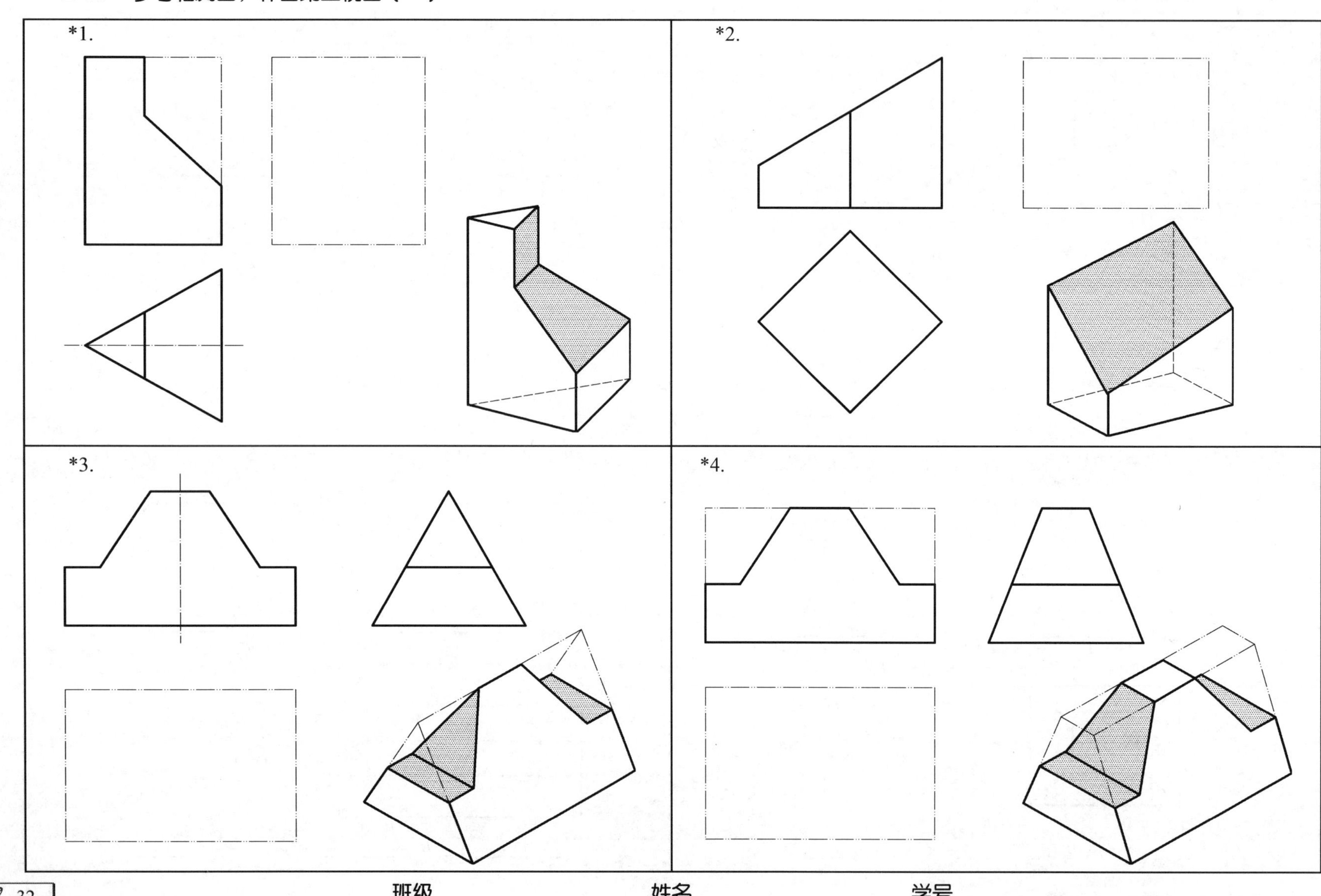

班级 姓名 学号

2-14 参考轴测图，补画第三视图（二）

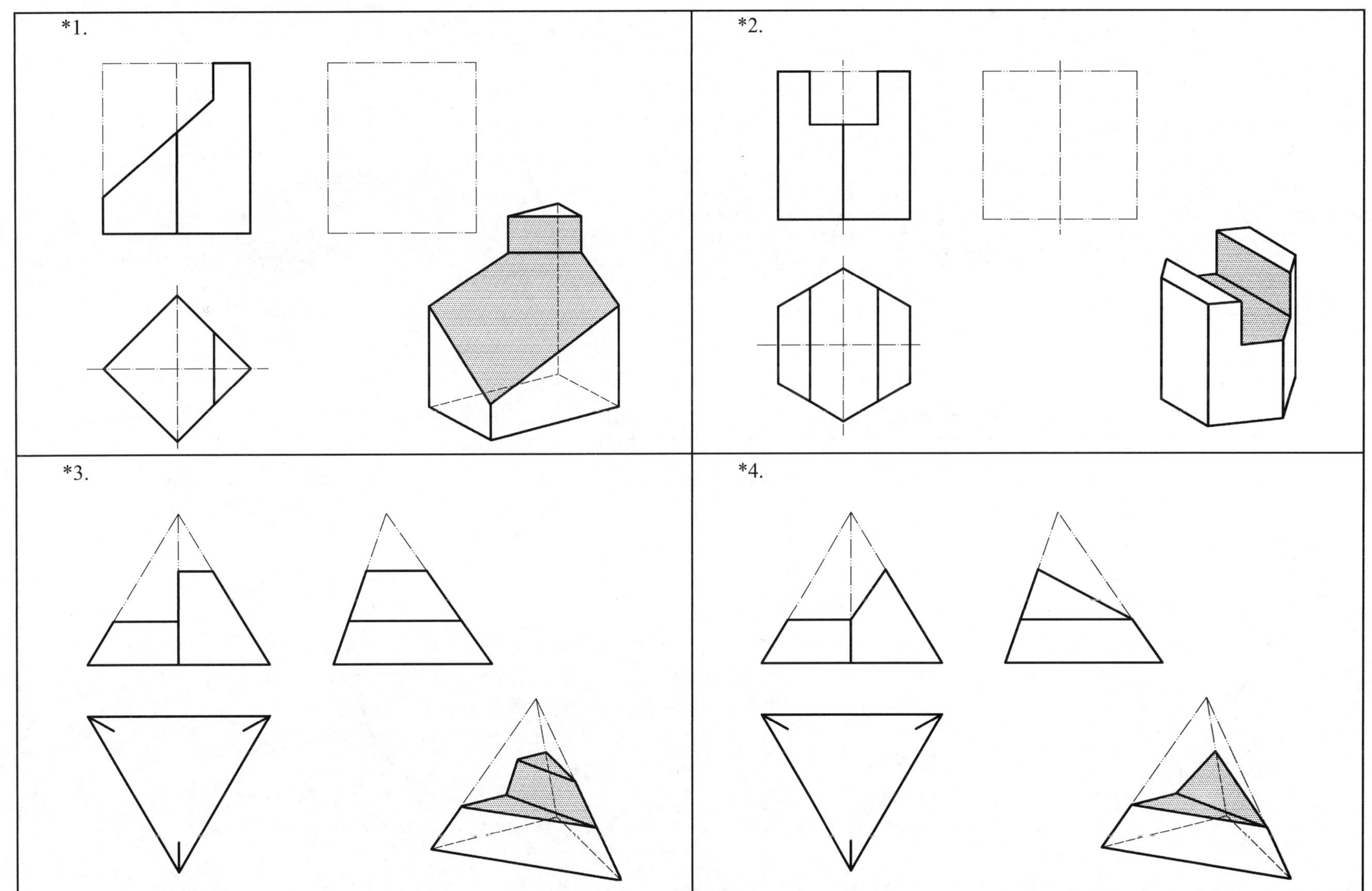

班级　　姓名　　学号

2-15　求几何体表面上点的投影（作图前，首先要分析点所在的空间位置）

1. 求正三棱锥表面上点的投影。

2. 求圆锥表面上点的投影。

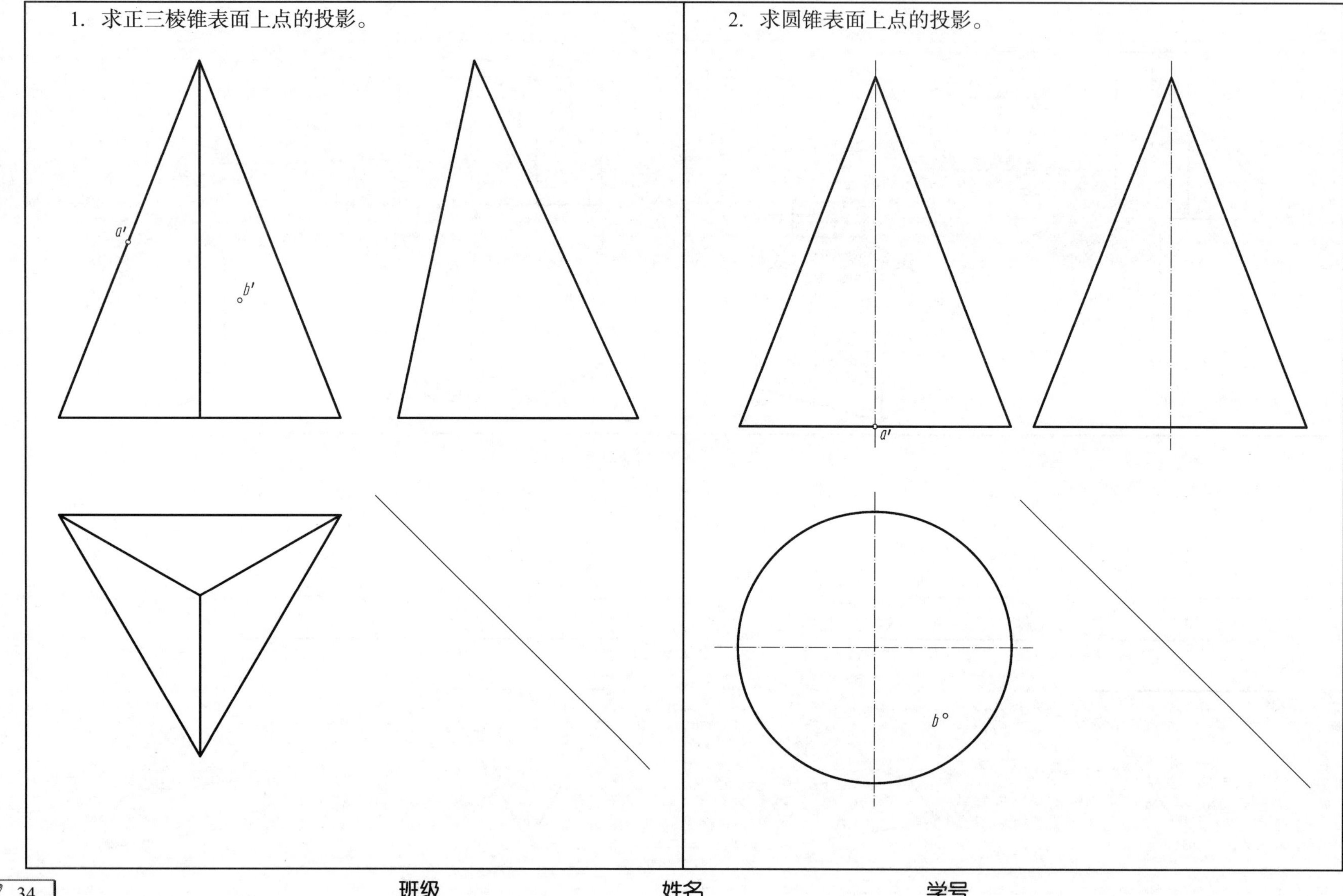

班级　　姓名　　学号

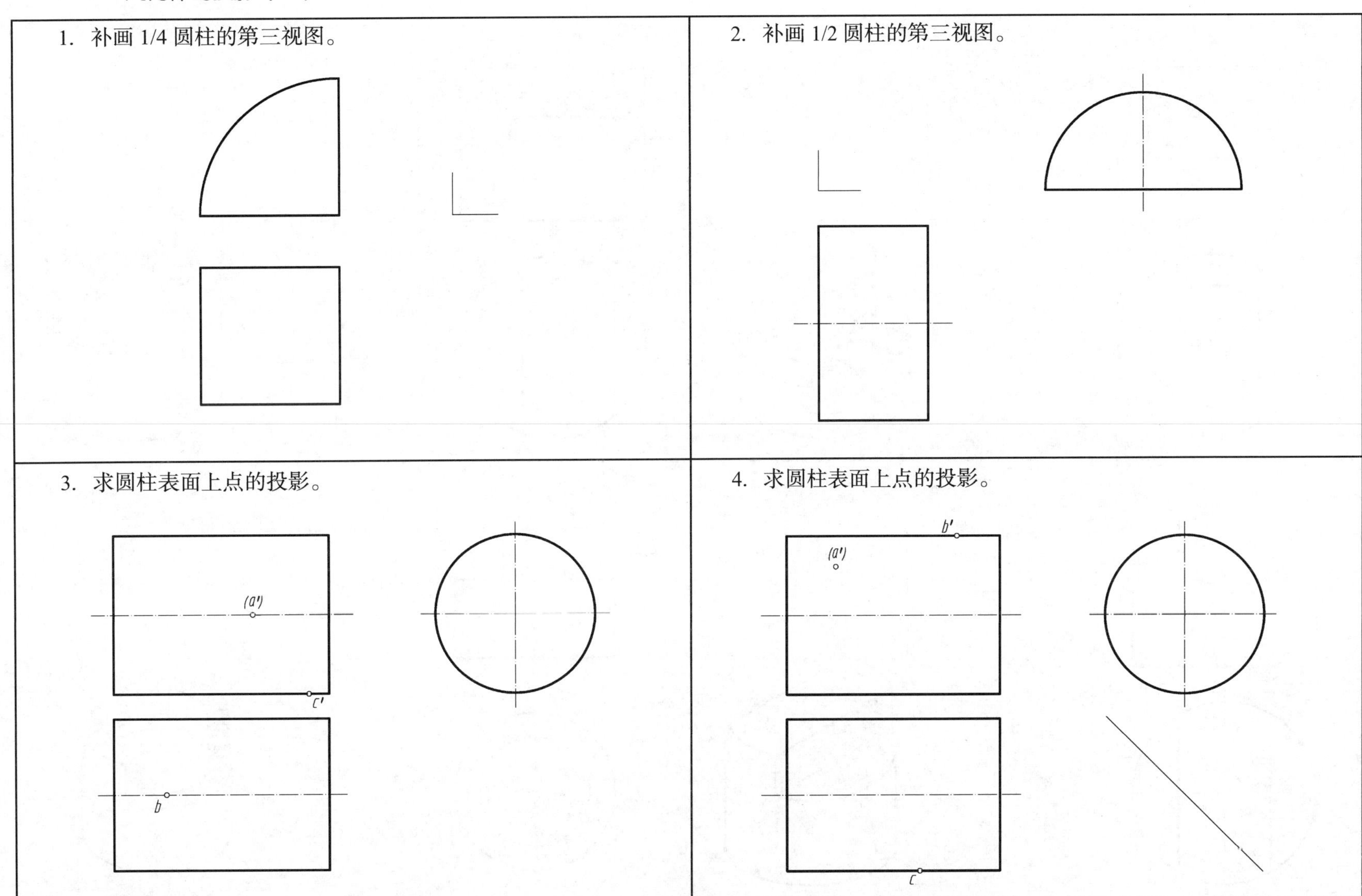
1. 补画 1/4 圆柱的第三视图。
2. 补画 1/2 圆柱的第三视图。
3. 求圆柱表面上点的投影。
(a')
c'
b
4. 求圆柱表面上点的投影。
b'
(a')
c

班级　　　　姓名　　　　学号

2-17 补画切口几何体的第三视图

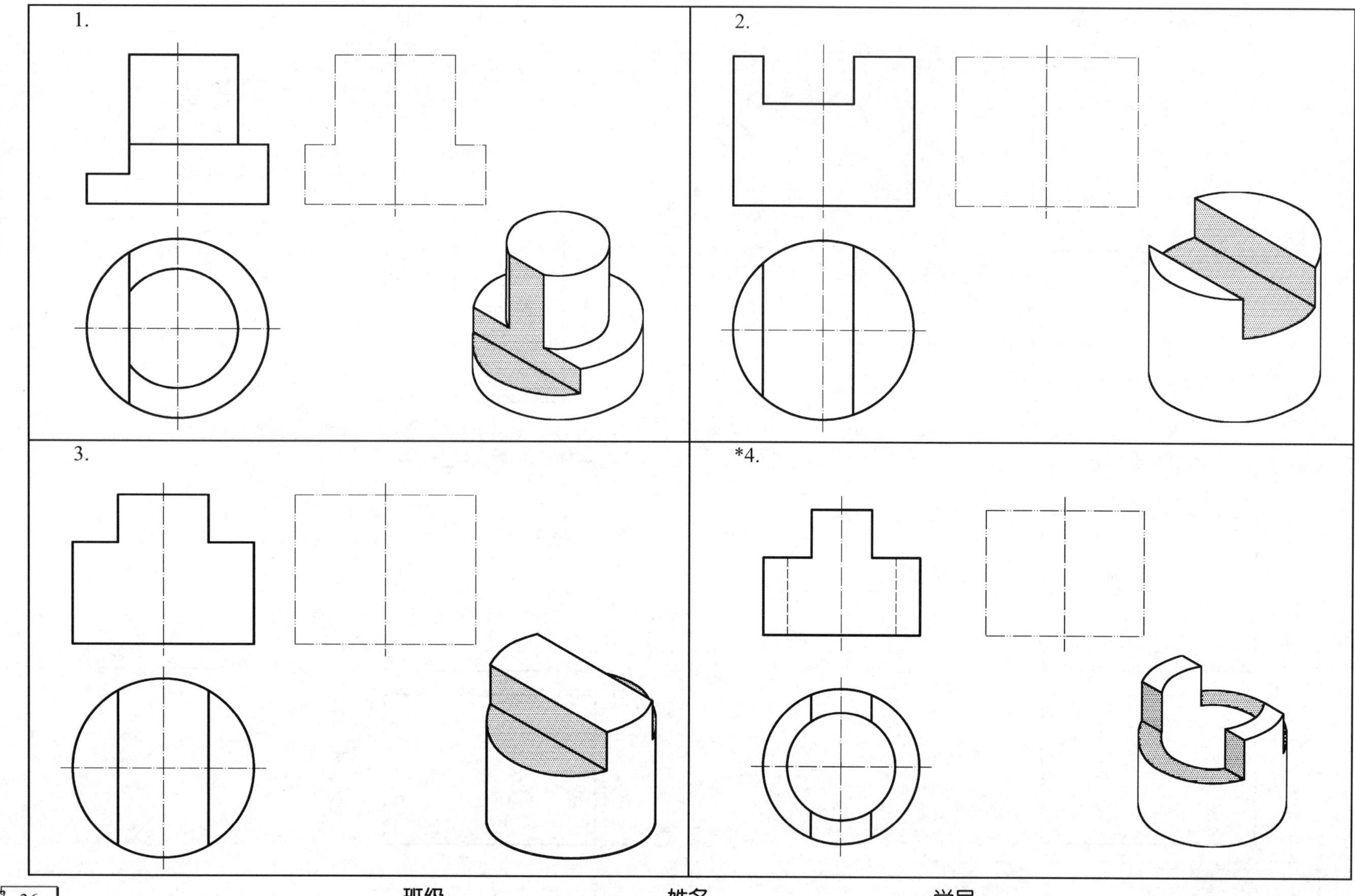

班级 姓名 学号

2-18　几何体的投影（三）

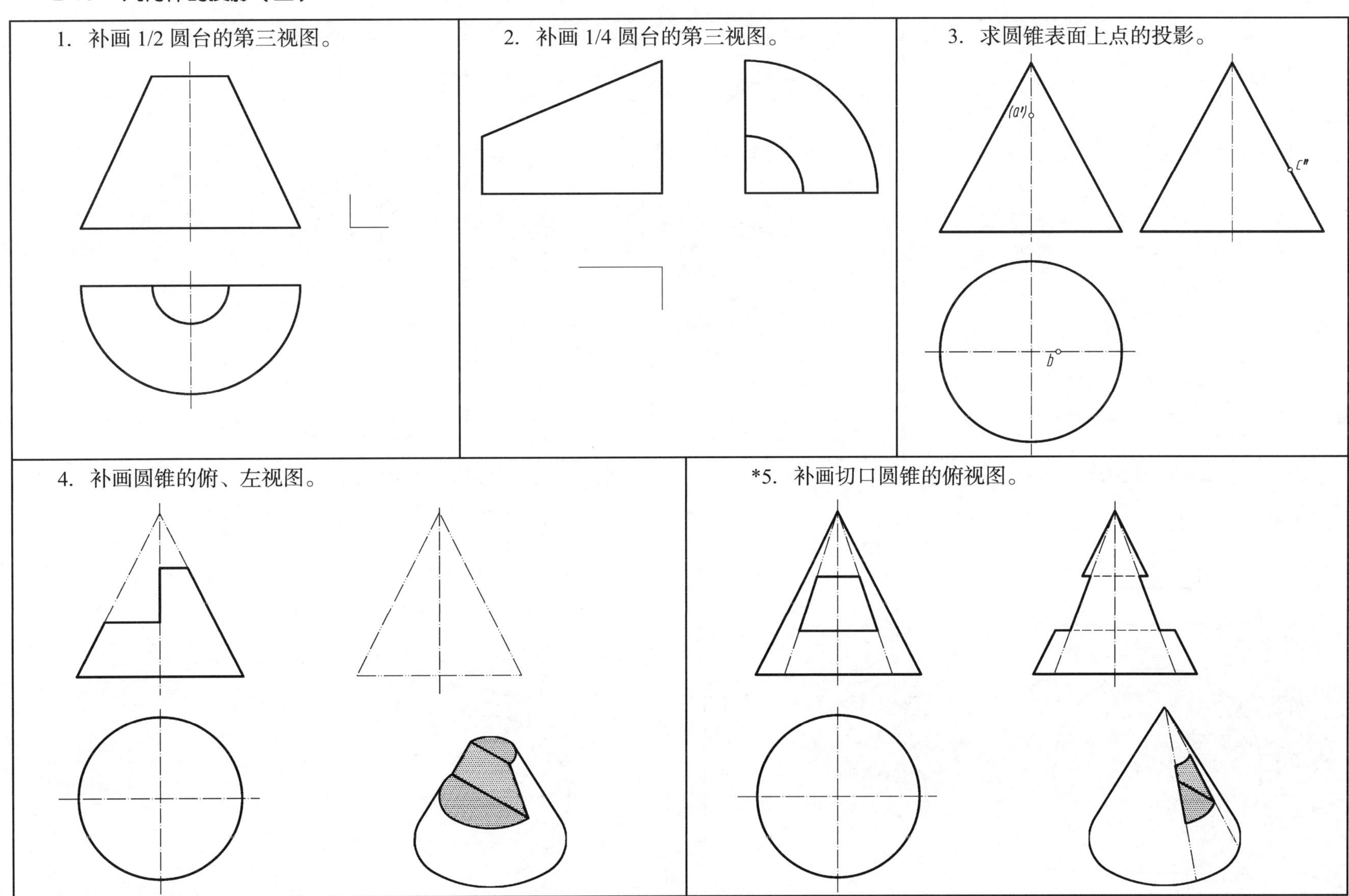

第二章　投影基础

班级　　　　姓名　　　　学号

2-19 判别点在几何体表面上的位置

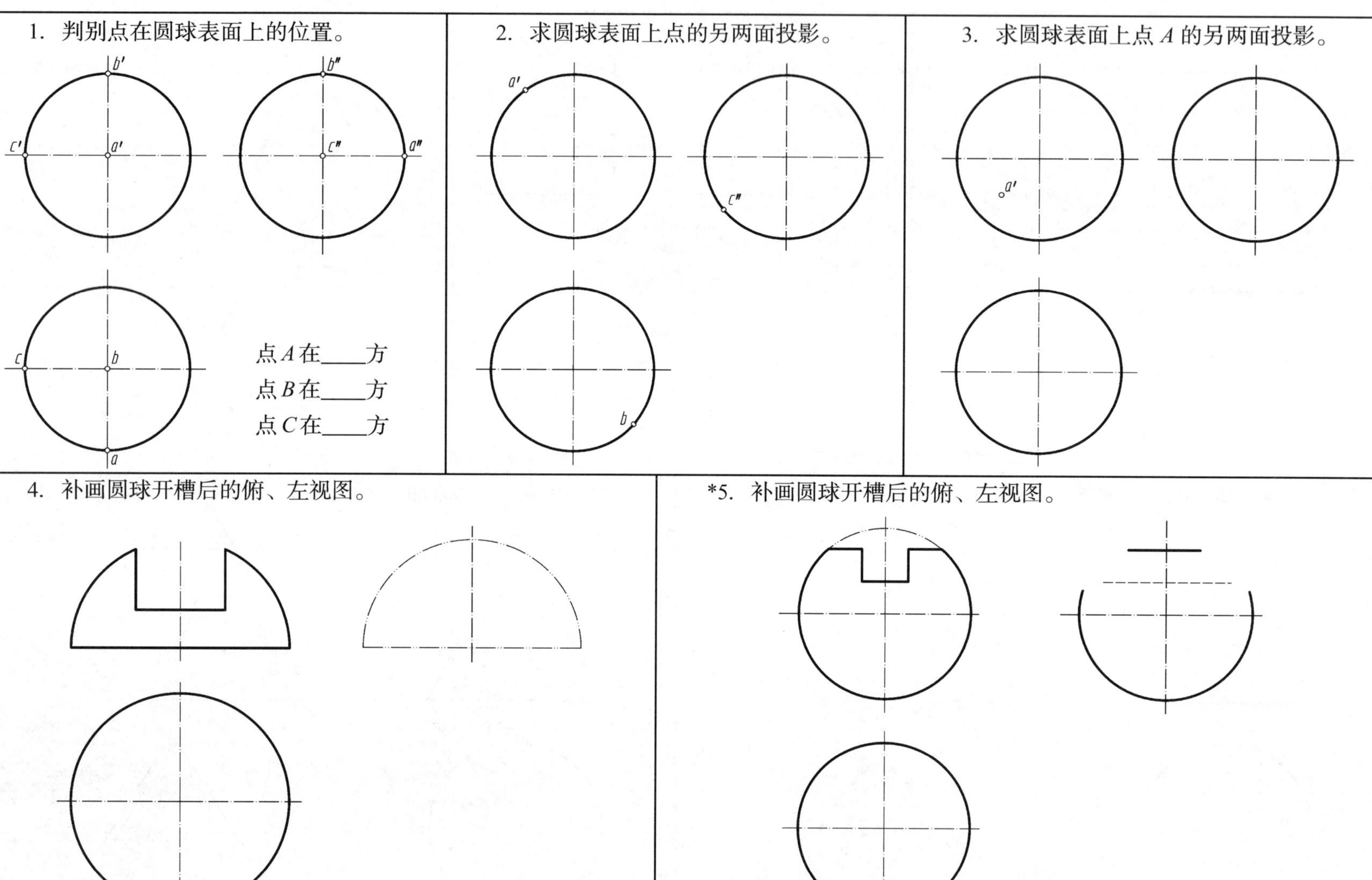

1. 判别点在圆球表面上的位置。

点 A 在____方

点 B 在____方

点 C 在____方

2. 求圆球表面上点的另两面投影。

3. 求圆球表面上点 A 的另两面投影。

4. 补画圆球开槽后的俯、左视图。

*5. 补画圆球开槽后的俯、左视图。

班级　　　　姓名　　　　学号

2-20　标注几何体的尺寸（按 1 ： 1 的比例从图中量取整数）

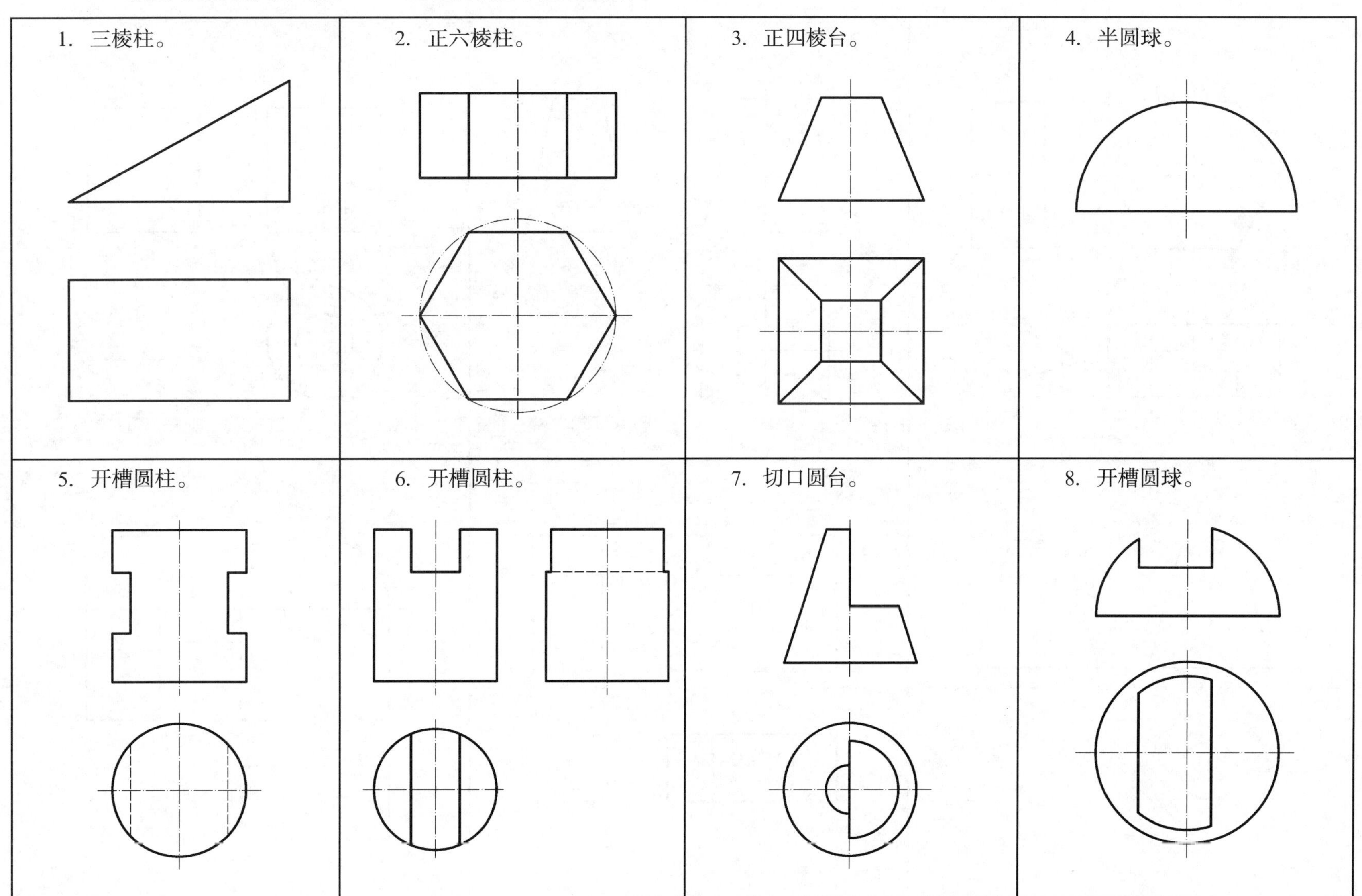

班级　　　　姓名　　　　学号

2-21　分析图中细点画线是对称中心线？还是轴线？或二者兼而有之

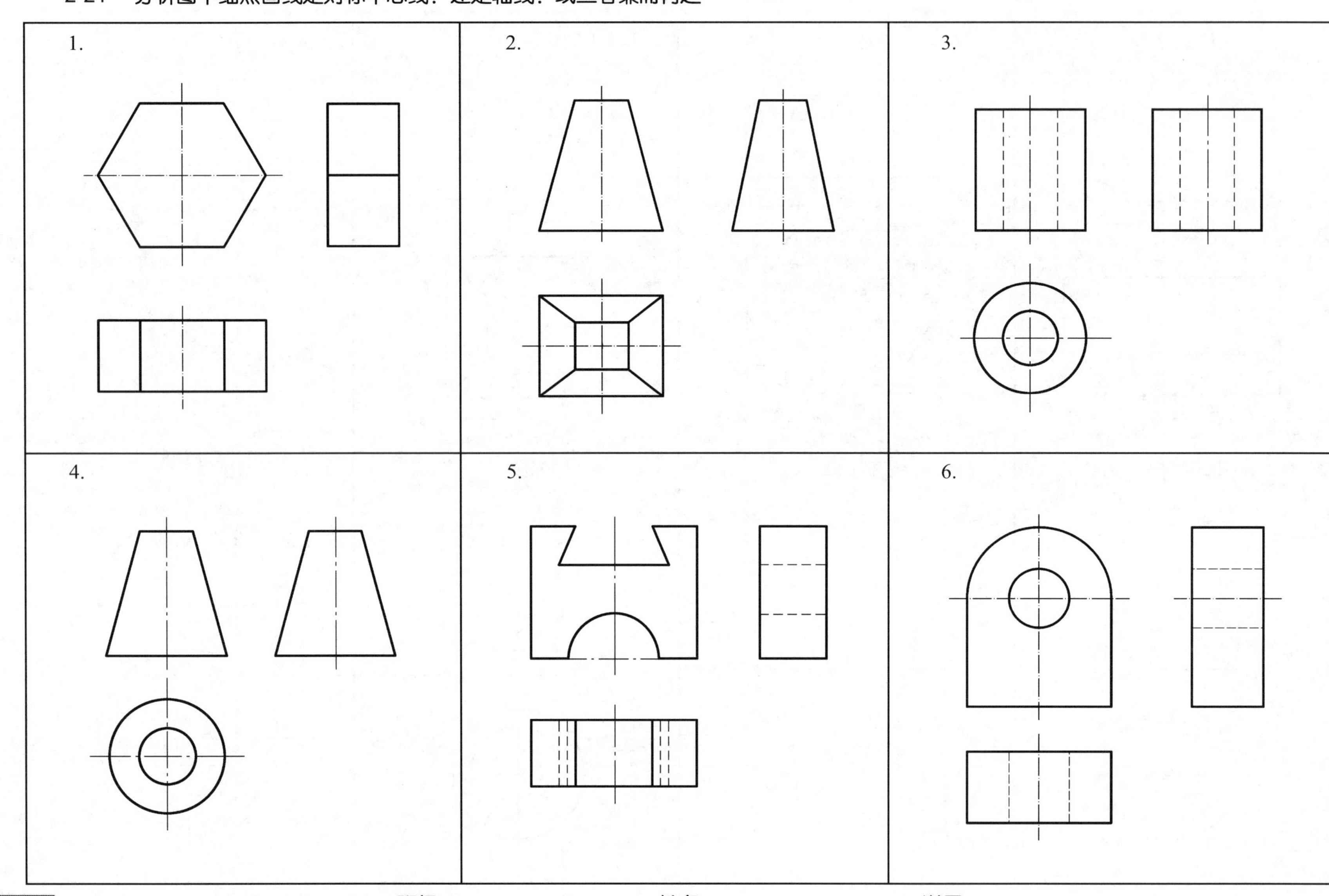

班级　　　　姓名　　　　学号

第三章　组　合　体

3-1　参照轴测图，补画视图中所缺的图线

班级　　　　姓名　　　　学号

3-2　根据组合体的两面视图，参照轴测图，补画第三视图

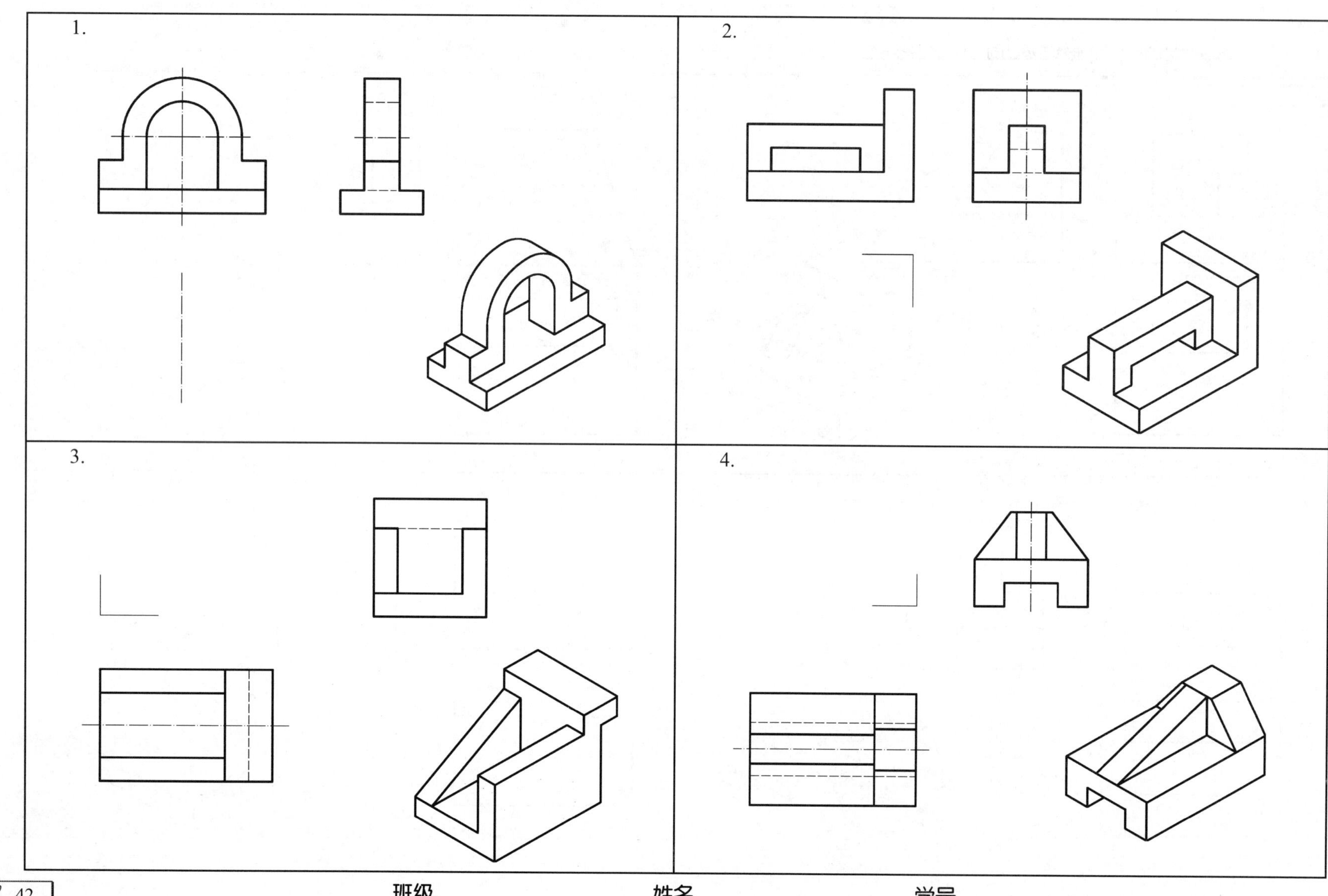

班级　　　　姓名　　　　学号

3-3　多项选择——选择正确的第三视图，画√表示

班级　　　　姓名　　　　学号

3-4 补画主视图中所缺的图线

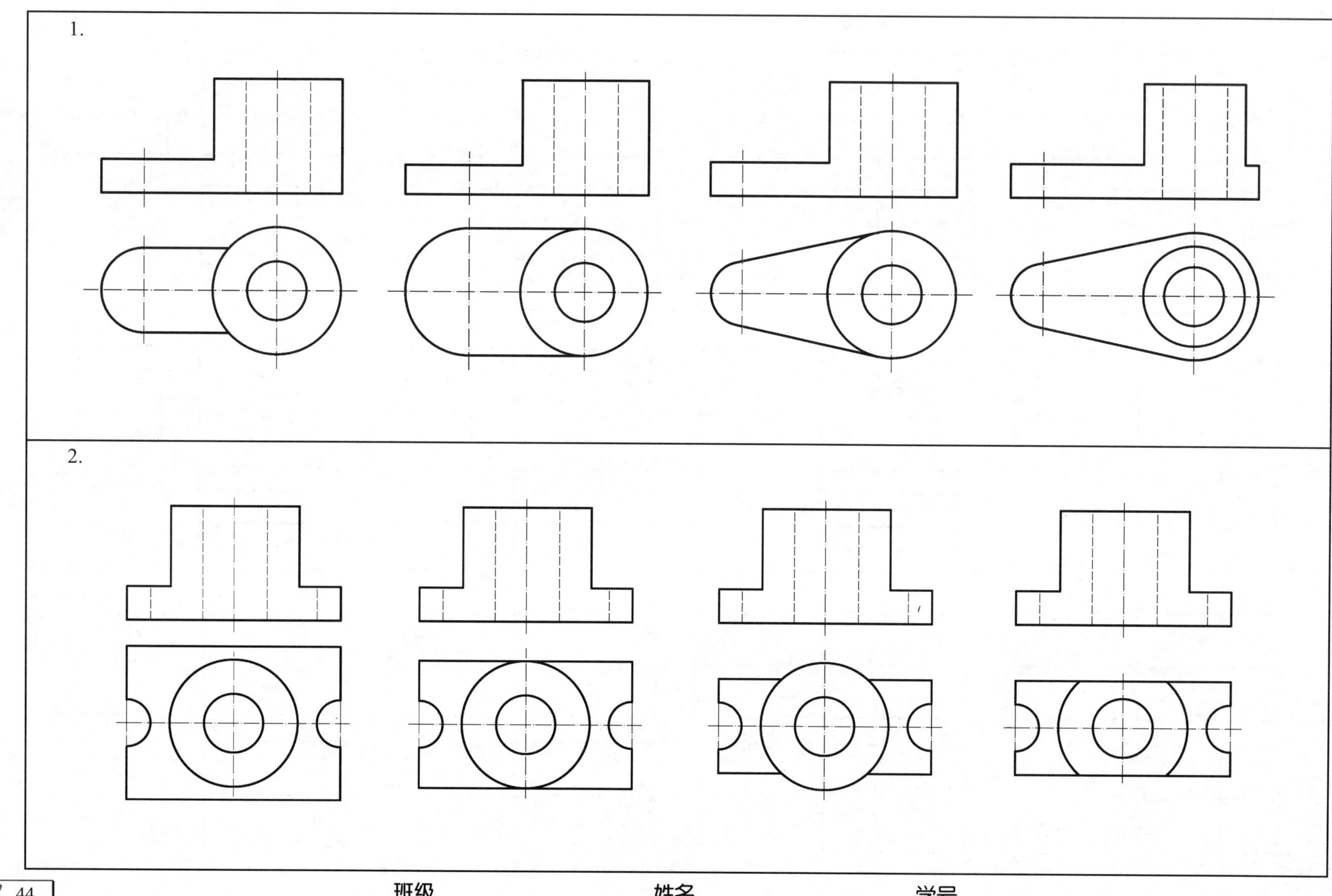

班级 姓名 学号

3-5　判别组合体的组合形式（相交还是相切？），补画视图中所缺的图线

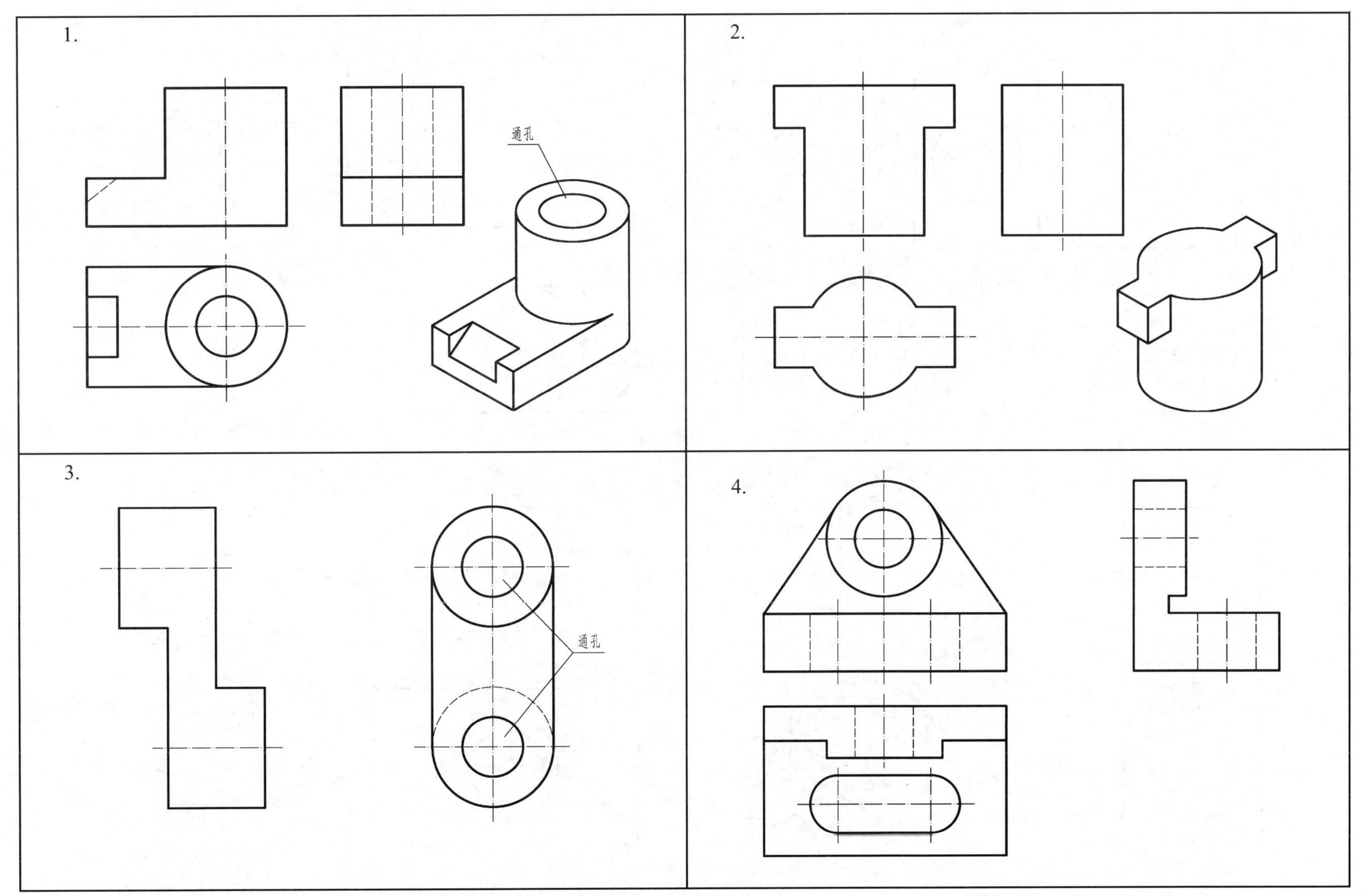

班级　　　　姓名　　　　学号

3-6　用简化画法补全相贯线的投影（一）

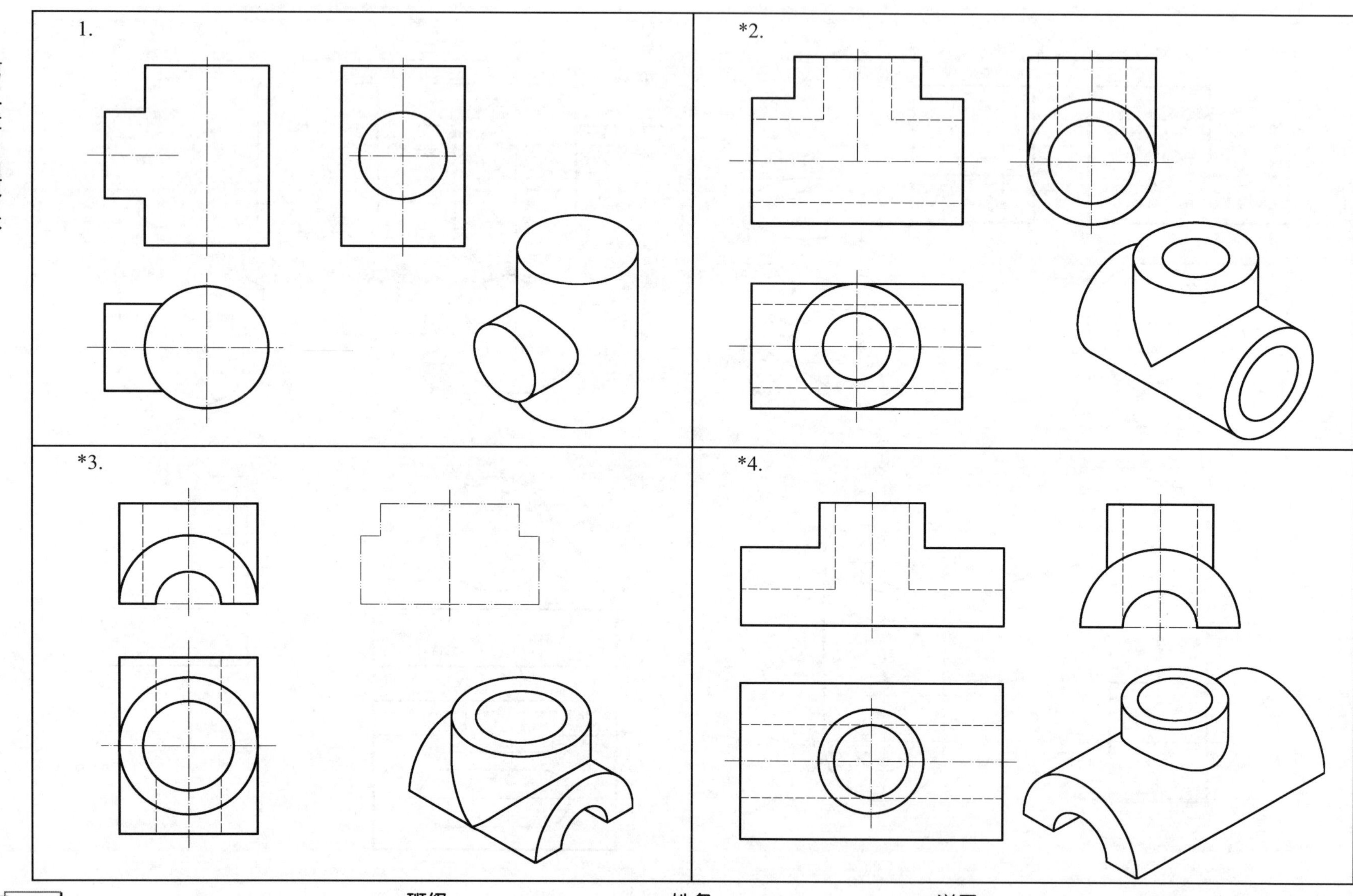

班级　　　　姓名　　　　学号

3-7　用简化画法补全相贯线的投影（二）

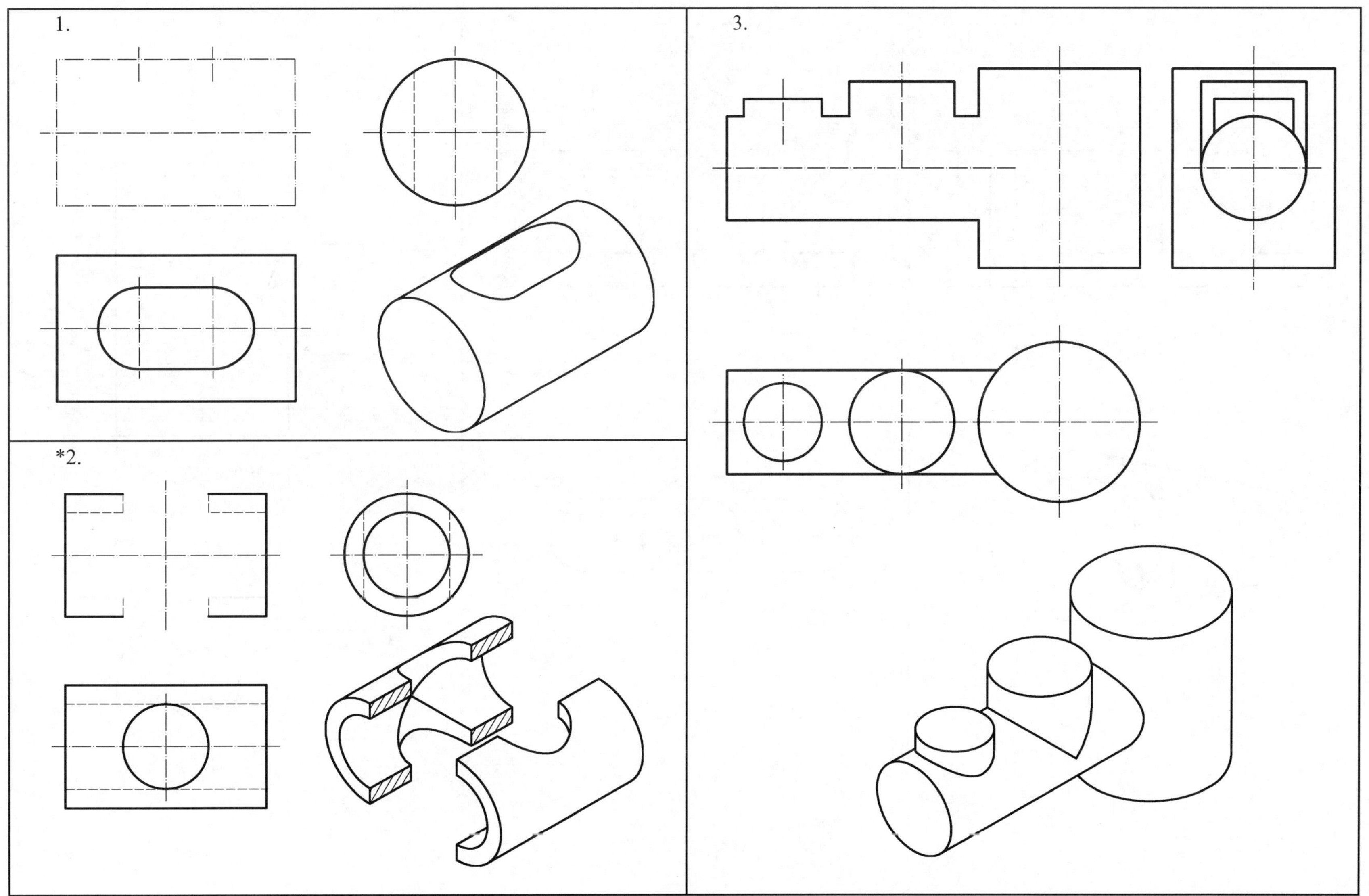

班级　　　　姓名　　　　学号

3-8　补全视图中的尺寸（尺寸数值按 1 ： 1 的比例从图中量取整数）

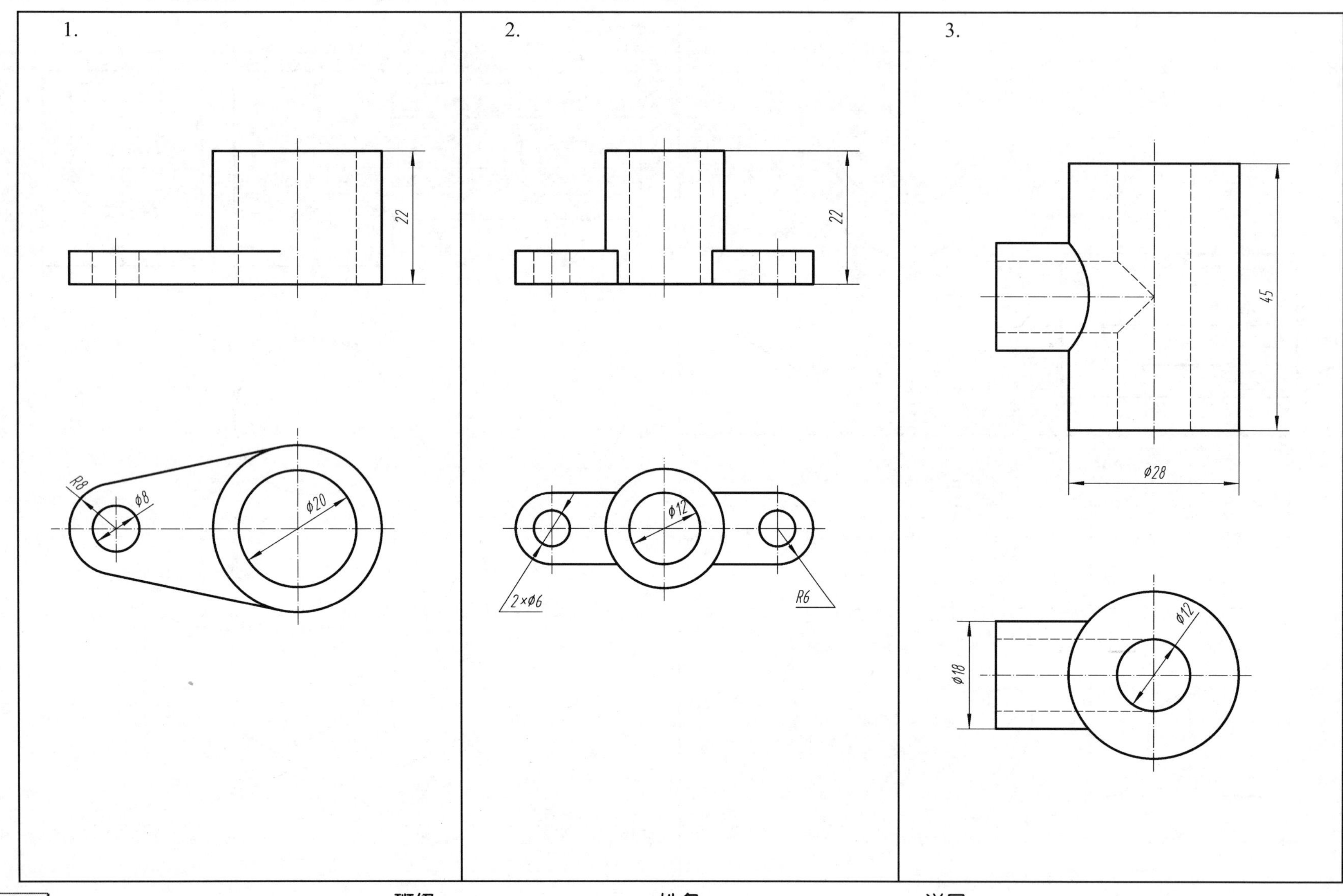

班级　　　　姓名　　　　学号

3-9 补画视图中所缺的图线

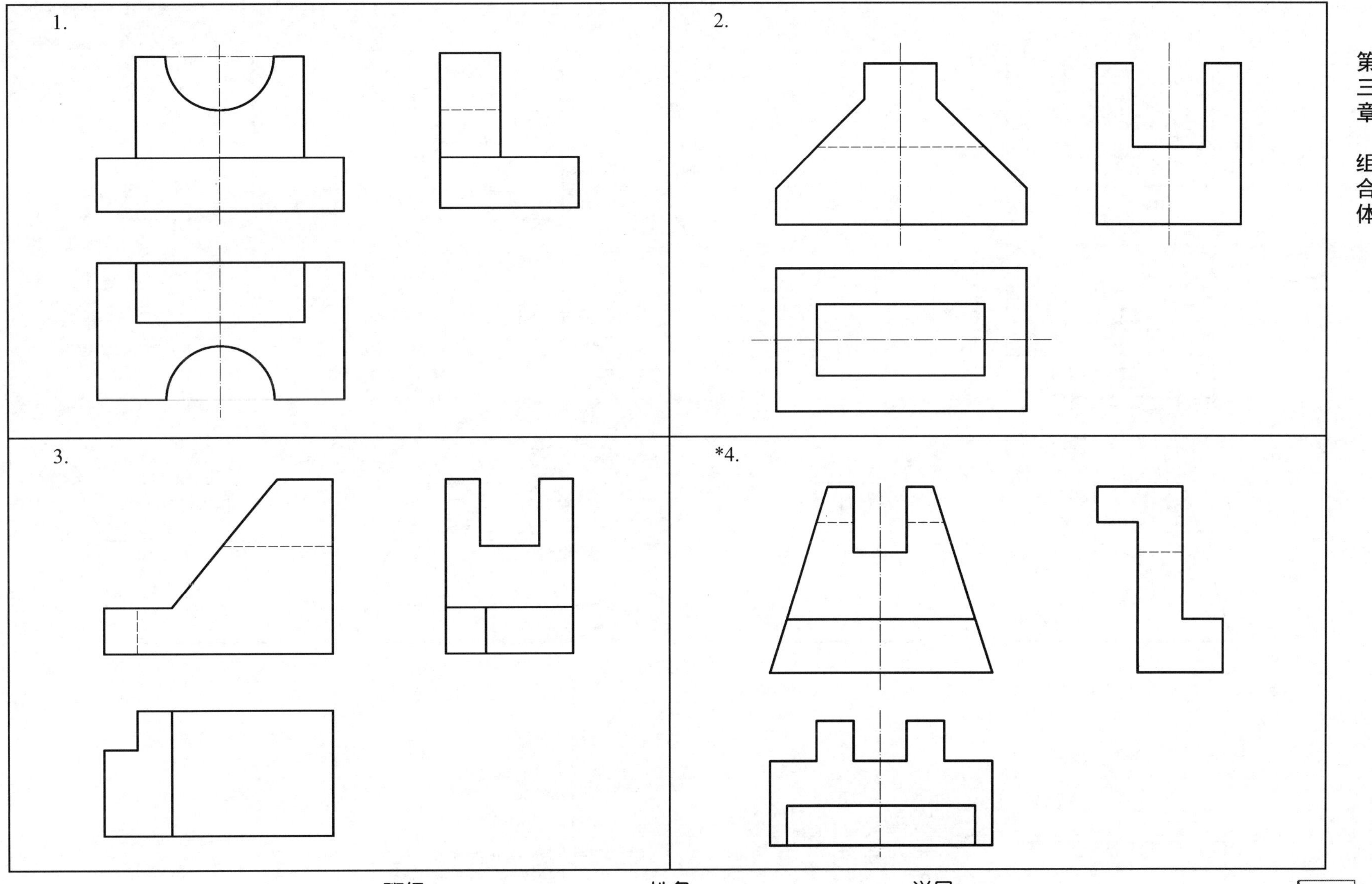

班级 姓名 学号

3-10　补画第三视图（一）

第三章　组合体

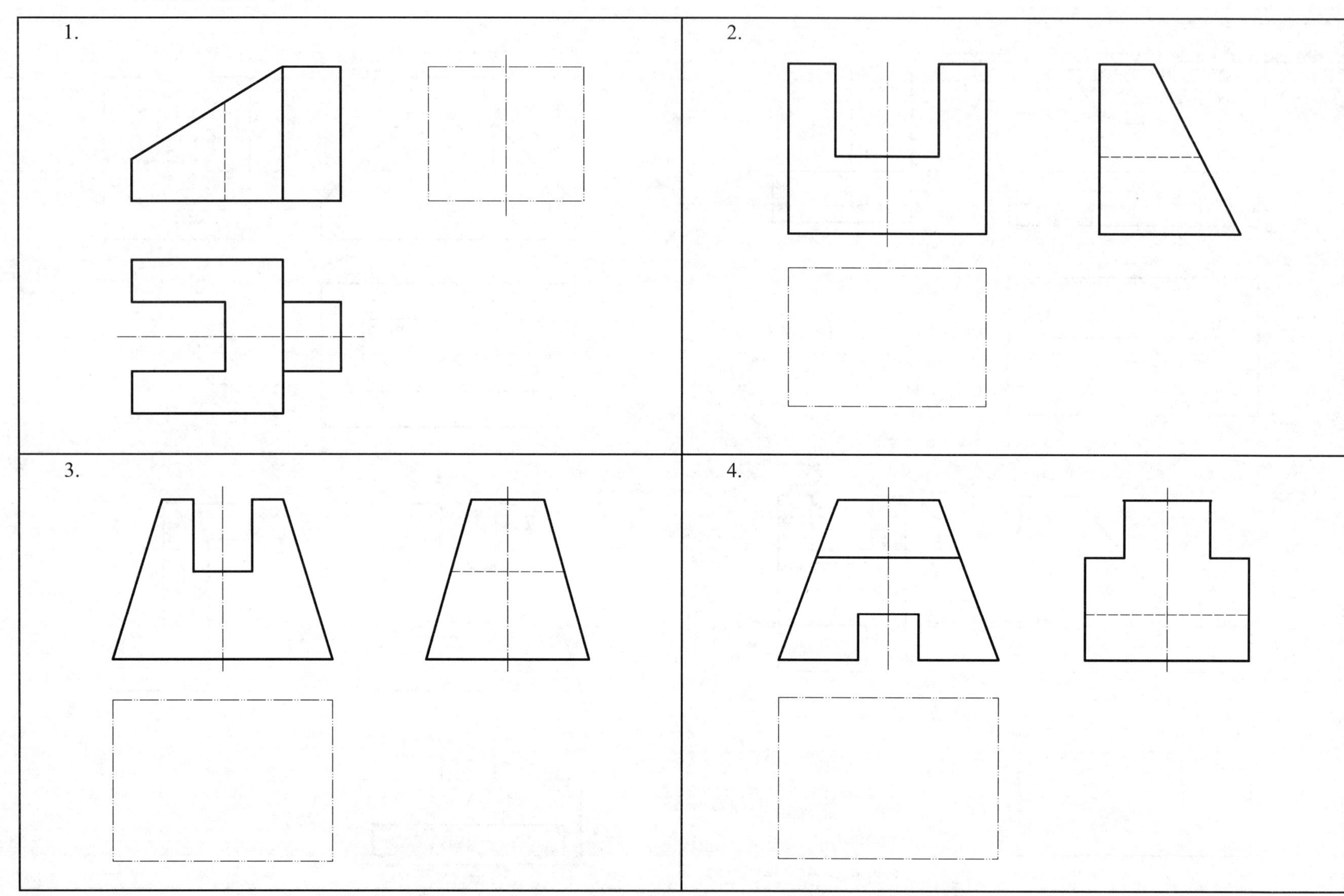

班级　　姓名　　学号

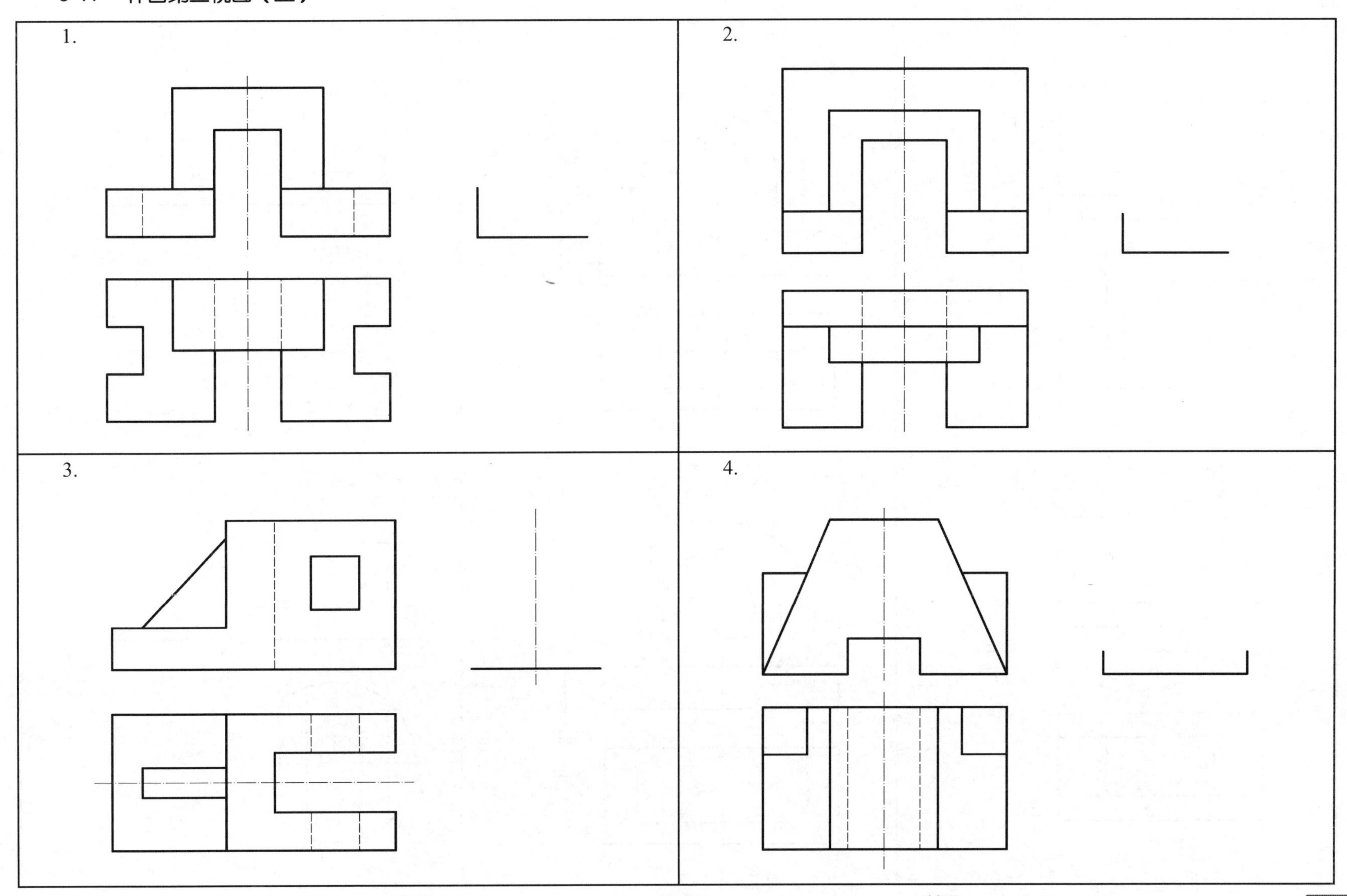

班级 姓名 学号

3-12　补画第三视图（三）

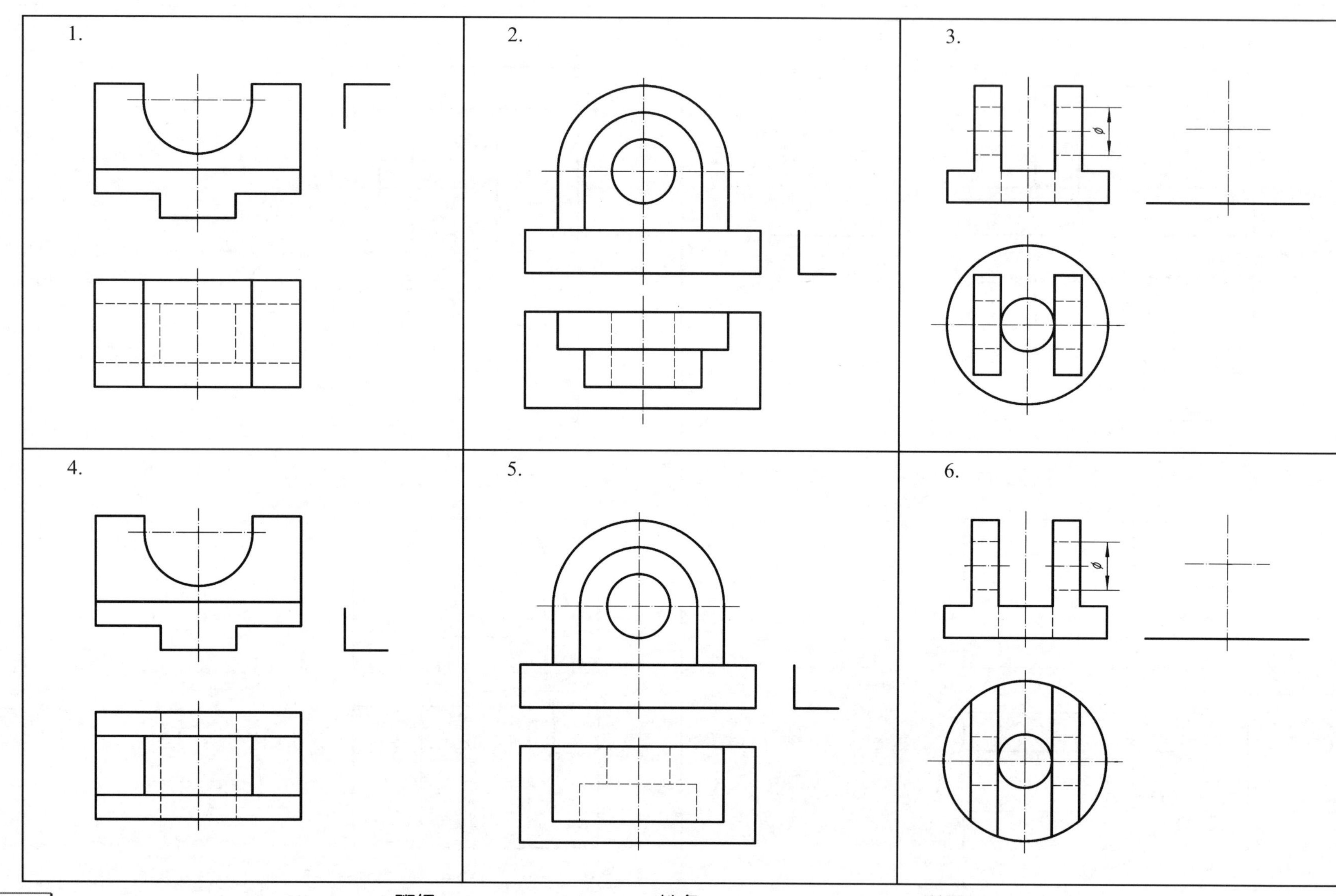

班级　　　　姓名　　　　学号

3-13　补画第三视图（四）

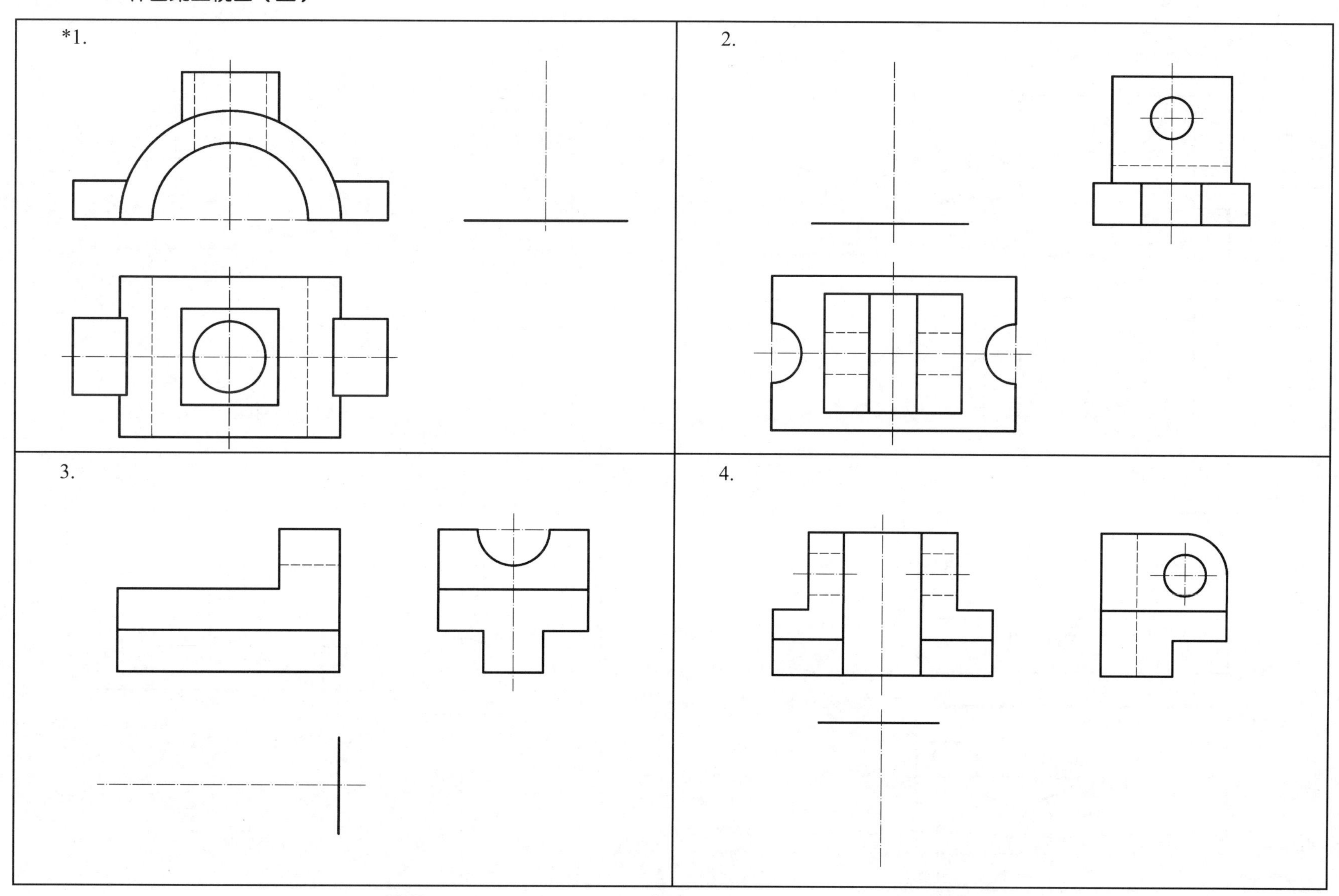

第三章　组合体

班级　　姓名　　学号

3-14　补画第三视图（五）

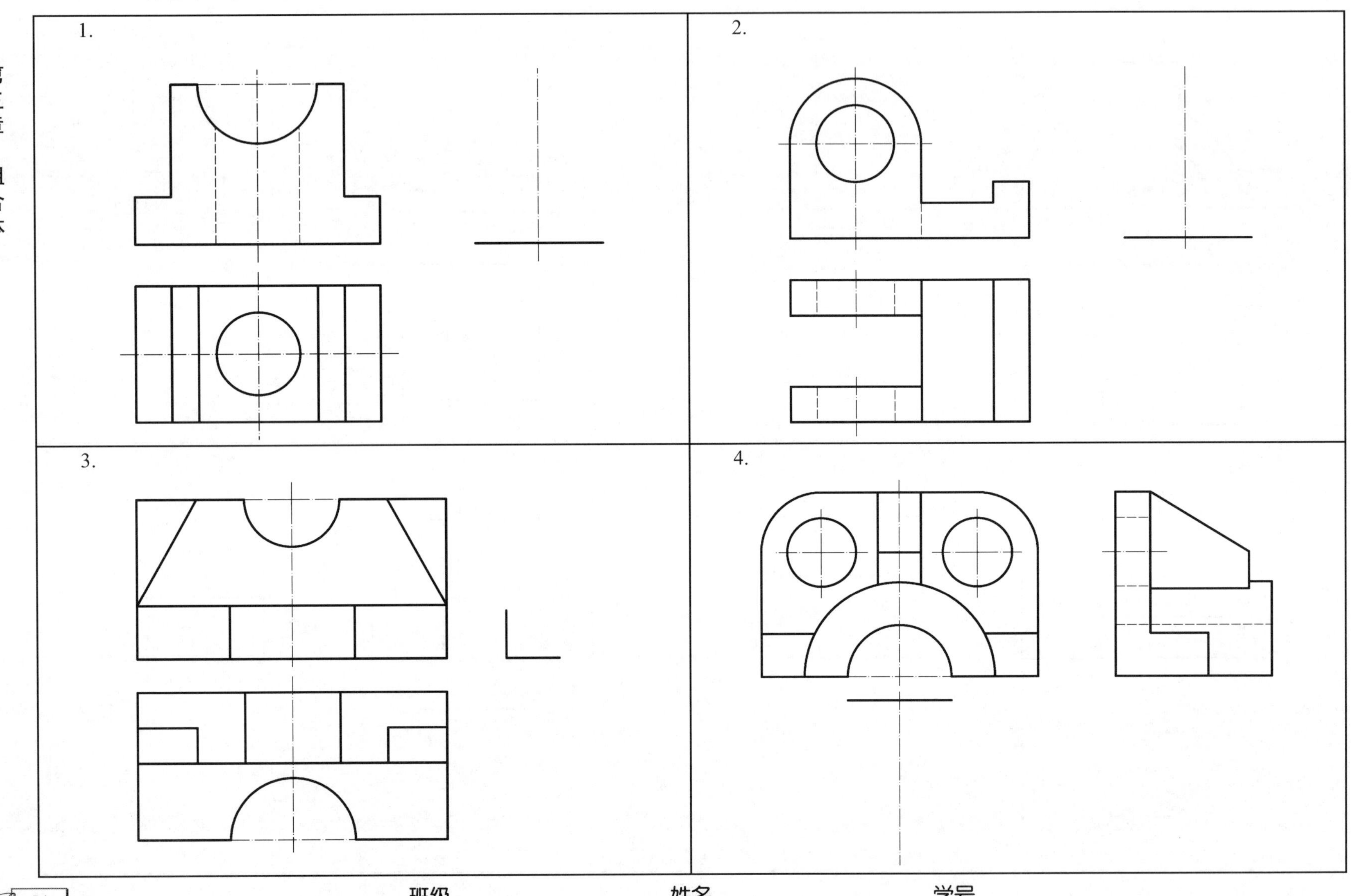

班级　　姓名　　学号

3-15　补画第三视图（六）

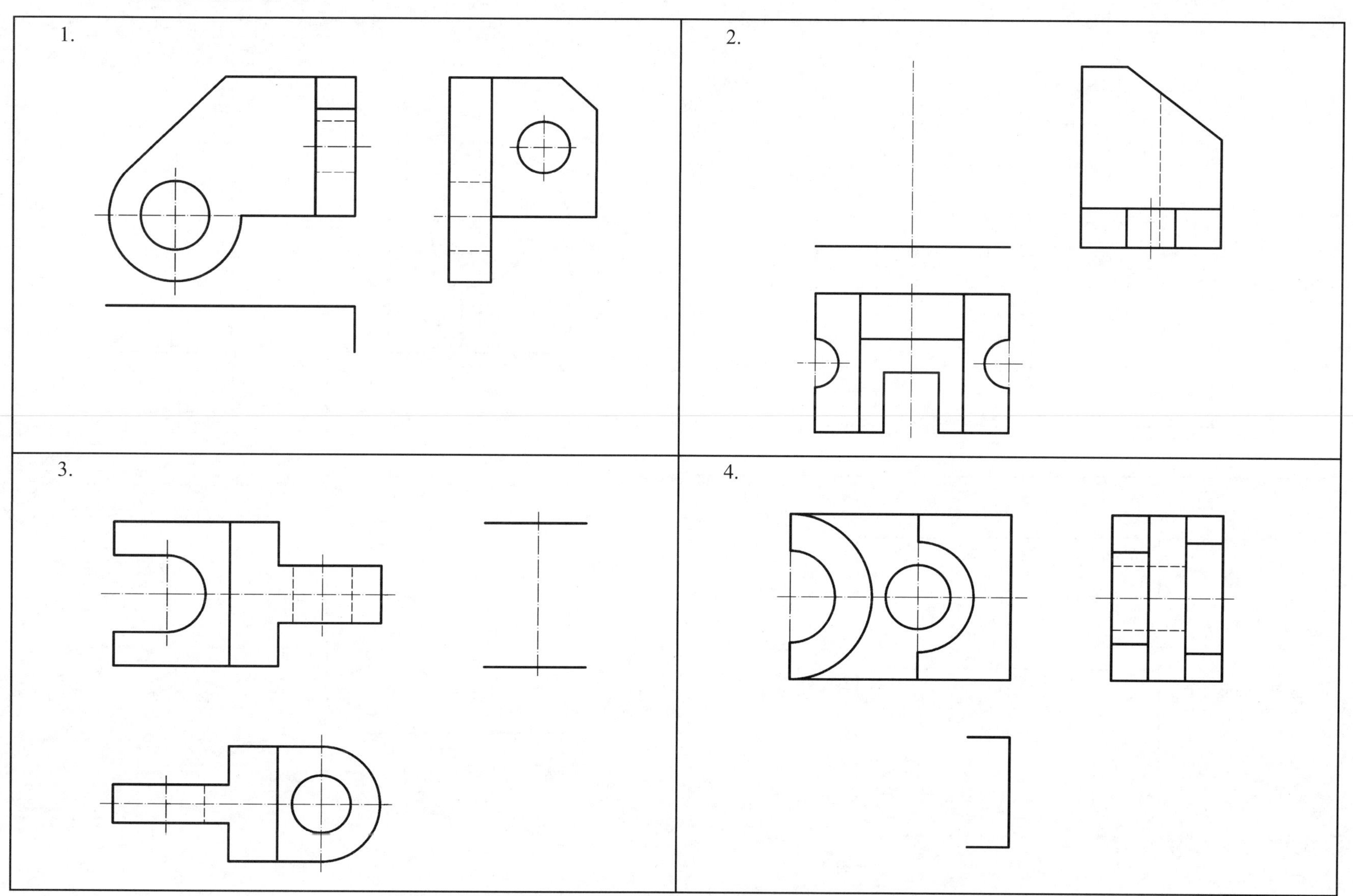

班级　　姓名　　学号

3-16　按形体分析法标注组合体的尺寸（按 1 ∶ 1 的比例从图中量取整数）

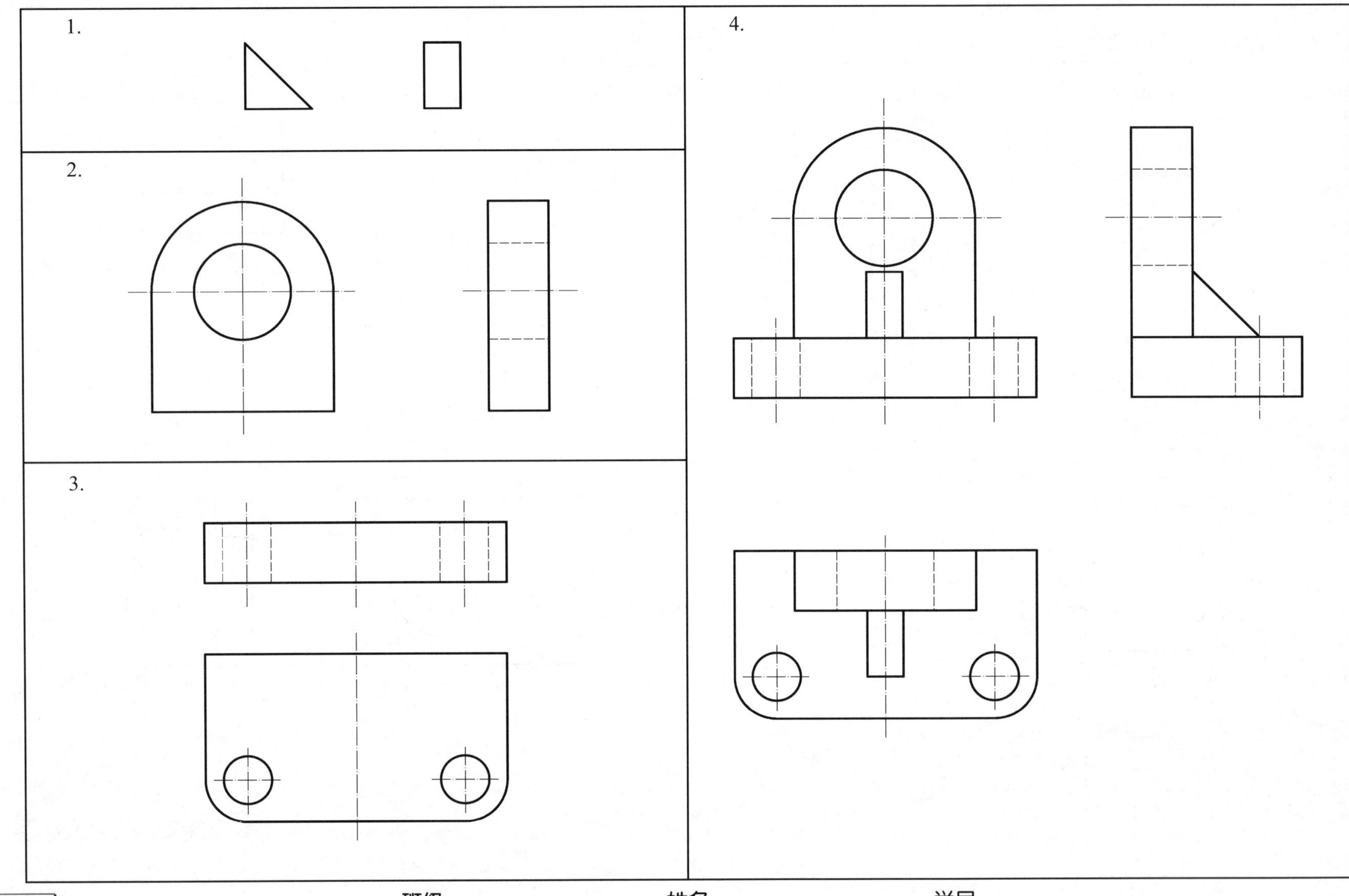

班级　　姓名　　学号

3-17　补全视图中漏注的尺寸（按 1 ：1 的比例从图中量取整数）

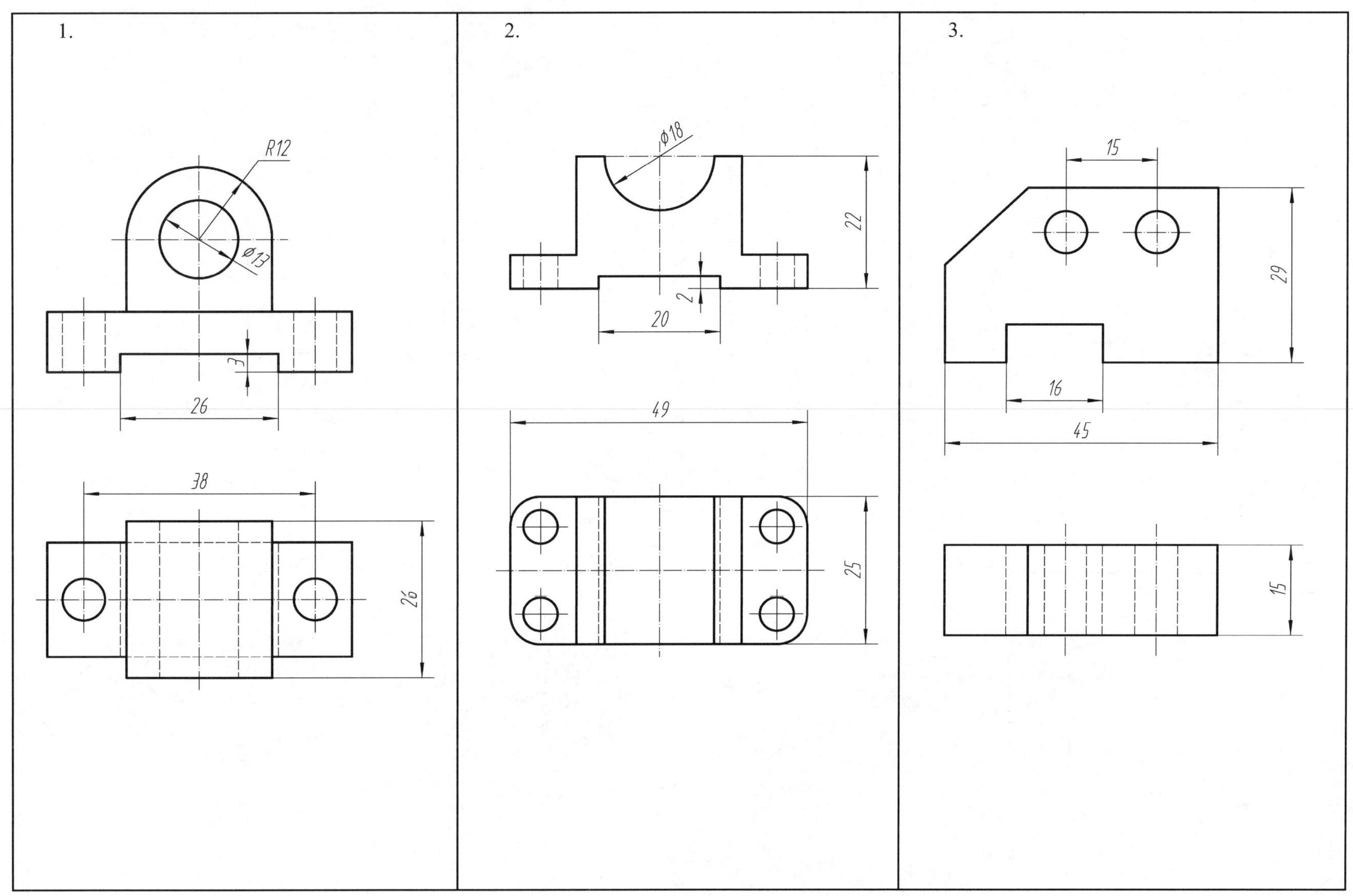

班级　　　　姓名　　　　学号

3-18　标注组合体尺寸，尺寸数值按 1 ： 1 的比例从图中量取整数（一）

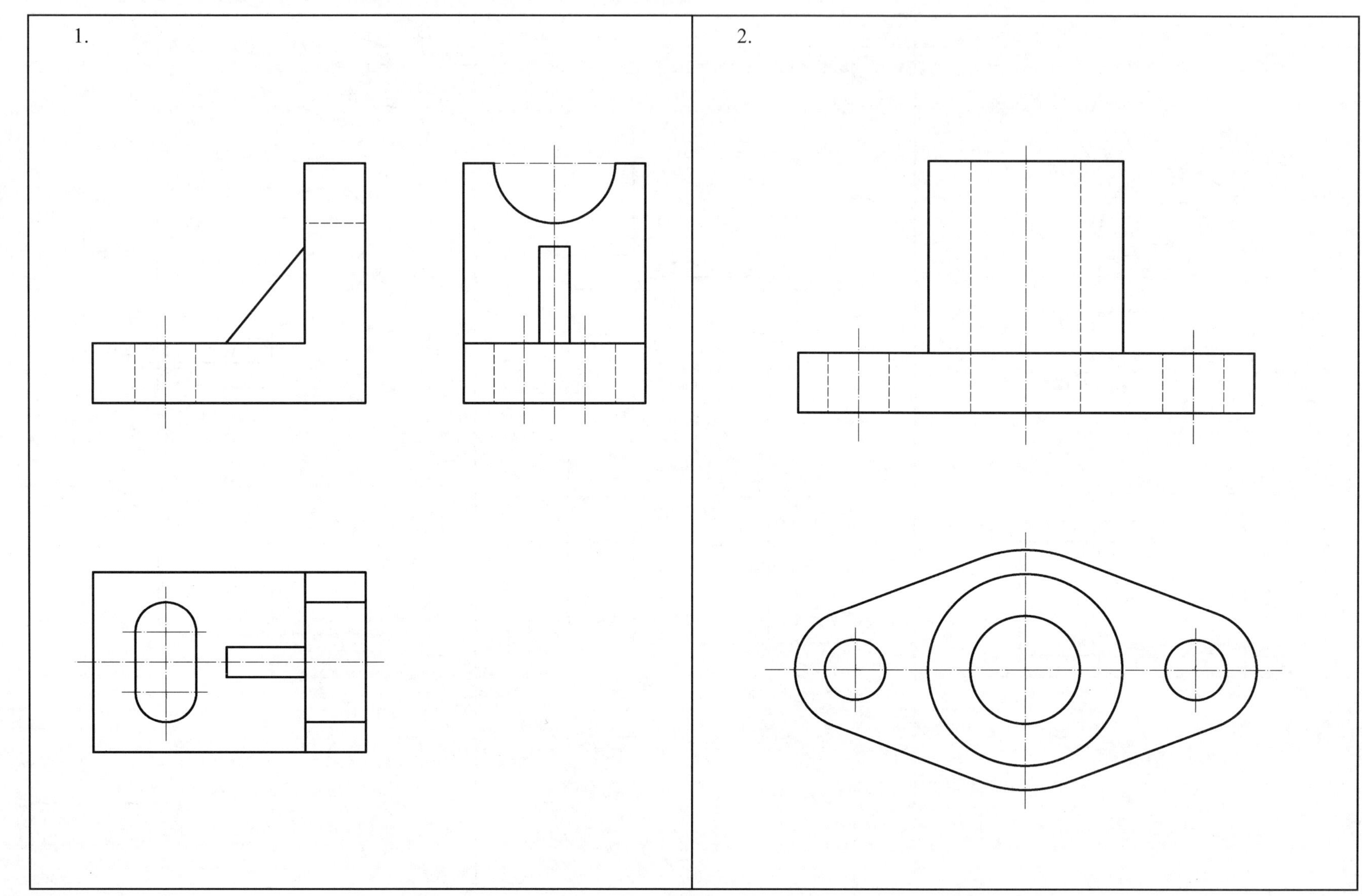

班级　　　　姓名　　　　学号

3-19　标注组合体尺寸，尺寸数值按 1 ：1 的比例从图中量取整数（二）

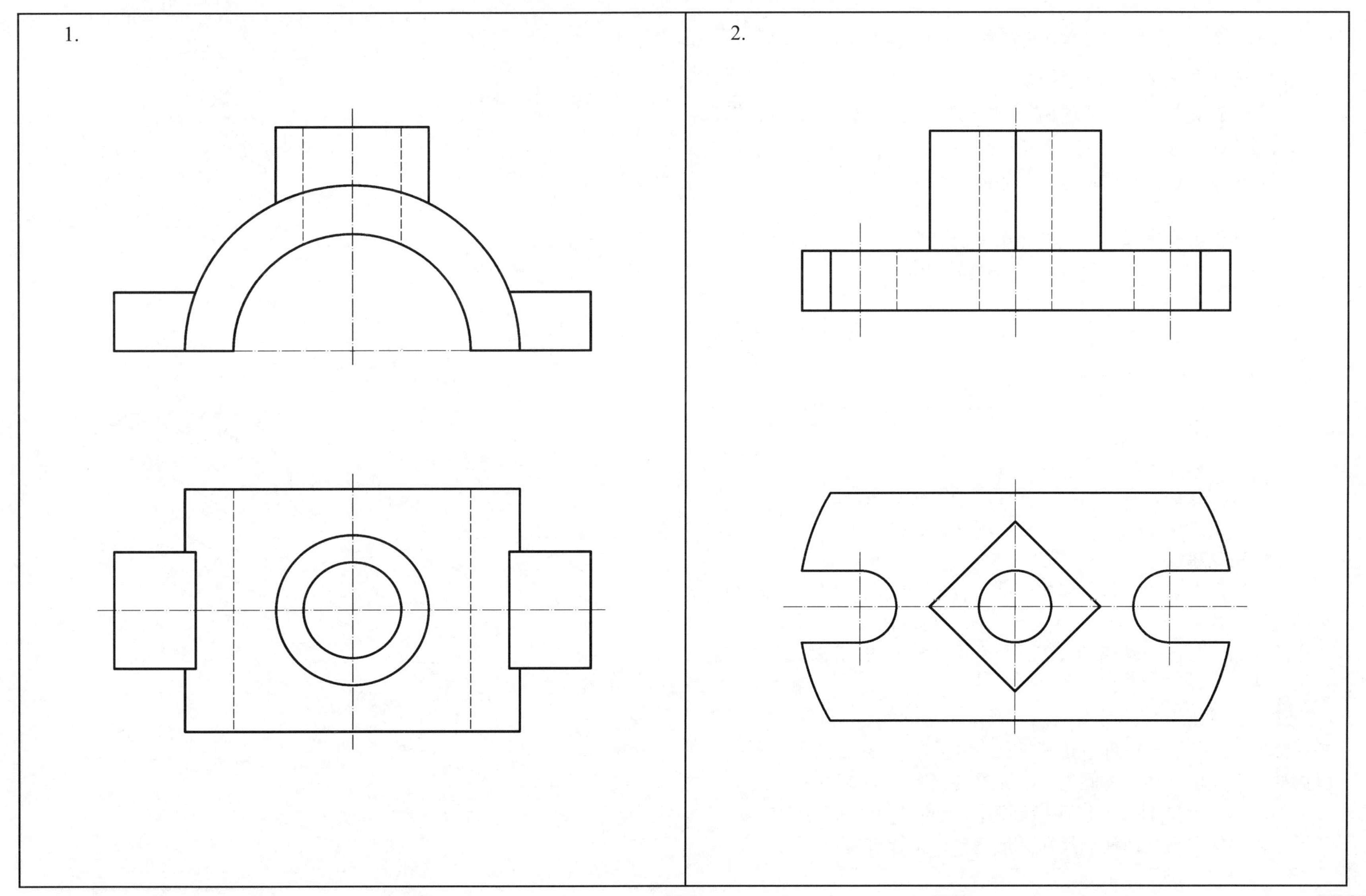

班级　　　　姓名　　　　学号

№3 组合体三视图作业指导书

一、作业目的

（1）掌握根据组合体模型（或轴测图）画三视图的方法，提高尺规绘图技能。

（2）熟悉组合体视图的尺寸注法。

二、内容和要求

（1）根据组合体模型（或轴测图）画三视图，并标注尺寸。

（2）用A3或A4图纸，自己选定绘图比例。

三、作图步骤

（1）运用形体分析法搞清组合体的组成部分，以及各组成部分之间的相对位置和组合关系。

（2）选取主视图的投射方向。所选的主视图应能明显地表达组合体的形状特征。

（3）画底稿（底稿线要细而轻）。

（4）检查底稿，修正错误，擦掉多余图线。

（5）依次描深图线；标注尺寸；填写标题栏。

四、注意事项

（1）图形布置要匀称，留出标注尺寸的位置。先依据图纸幅面、绘图比例和组合体的总体尺寸大致布图，再画出作图基准线（如组合体的底面或顶面、端面的投影，对称中心线等），确定三个视图的具体位置。

（2）正确地运用形体分析法。要按组合体的组成部分，一部分一部分地画。每一部分都应按其长、宽、高在三个视图上同步画底稿，以提高绘图速度。切忌先画出一个完整的视图，再画另一个视图。

（3）标注尺寸时，不能照搬轴测图上的尺寸注法，应按标注三类尺寸的要求进行。所注的尺寸必须完整、布置清晰。

五、图例

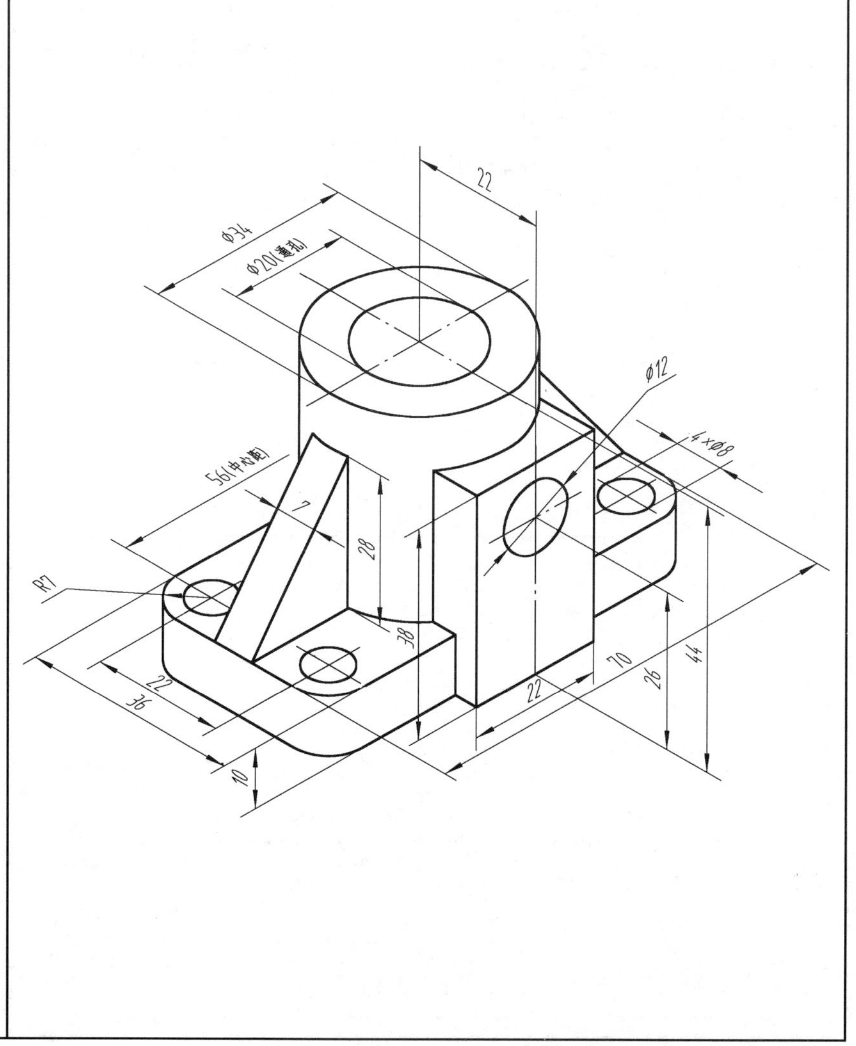

3-21　组合体三视图作业图例

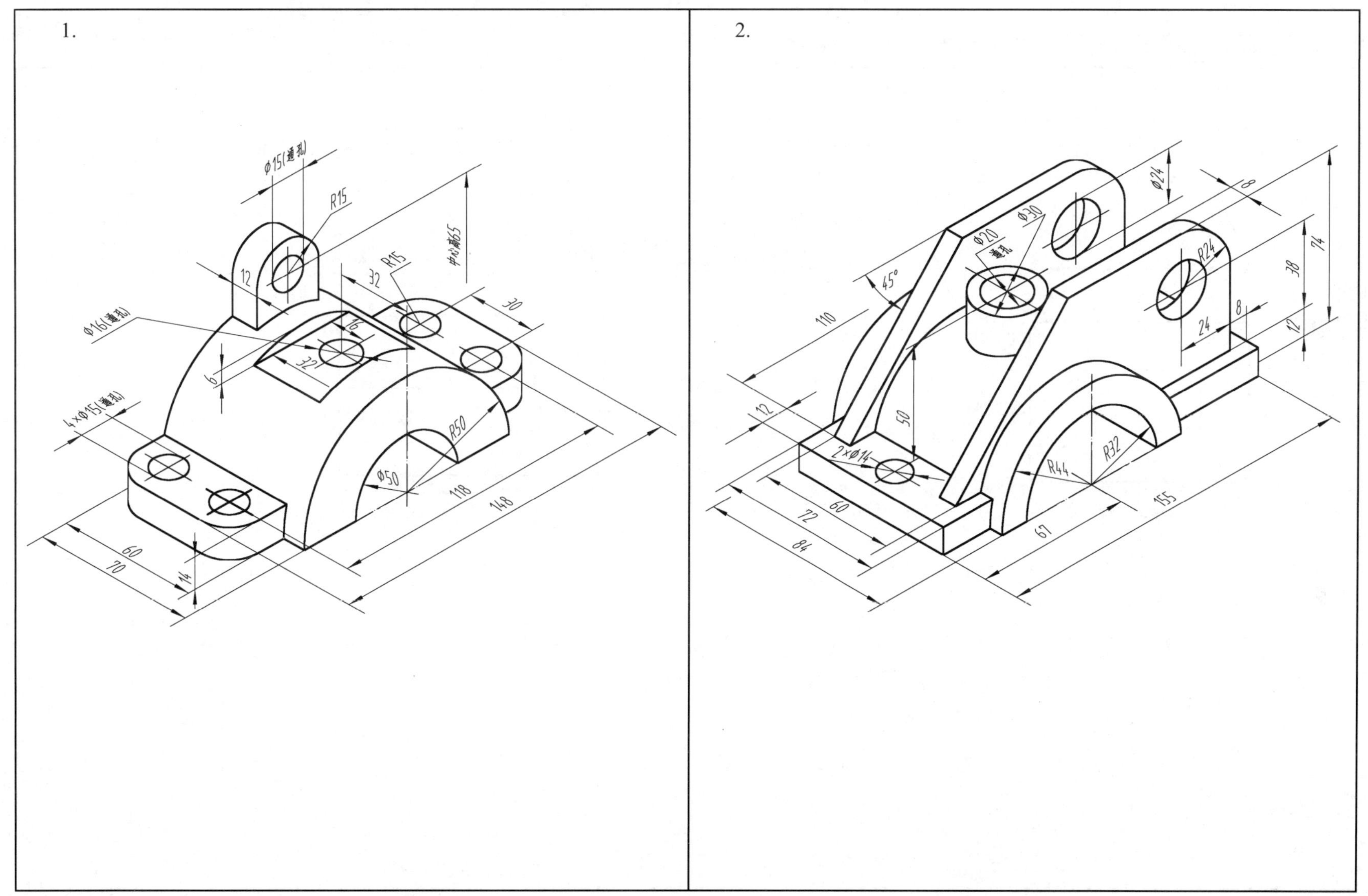

班级　　　　姓名　　　　学号

第四章　轴　测　图

4-1　根据三视图画正等测，尺寸从视图中按 1 ： 1 的比例量取整数（一）

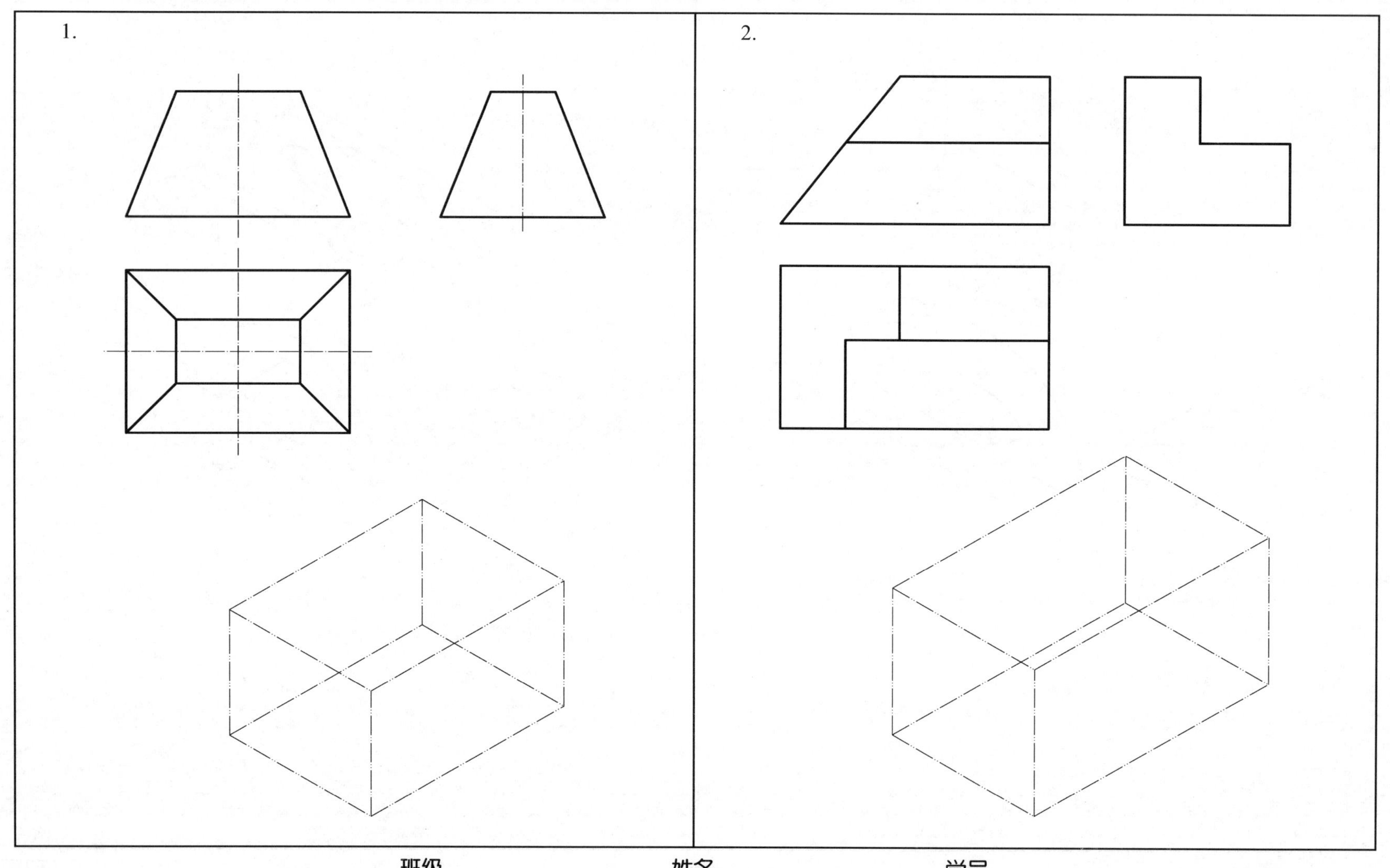

班级　　　　　　　　　　姓名　　　　　　　　　　学号

4-2　根据三视图画正等测，尺寸从视图中按 1 ∶ 1 的比例量取整数（二）

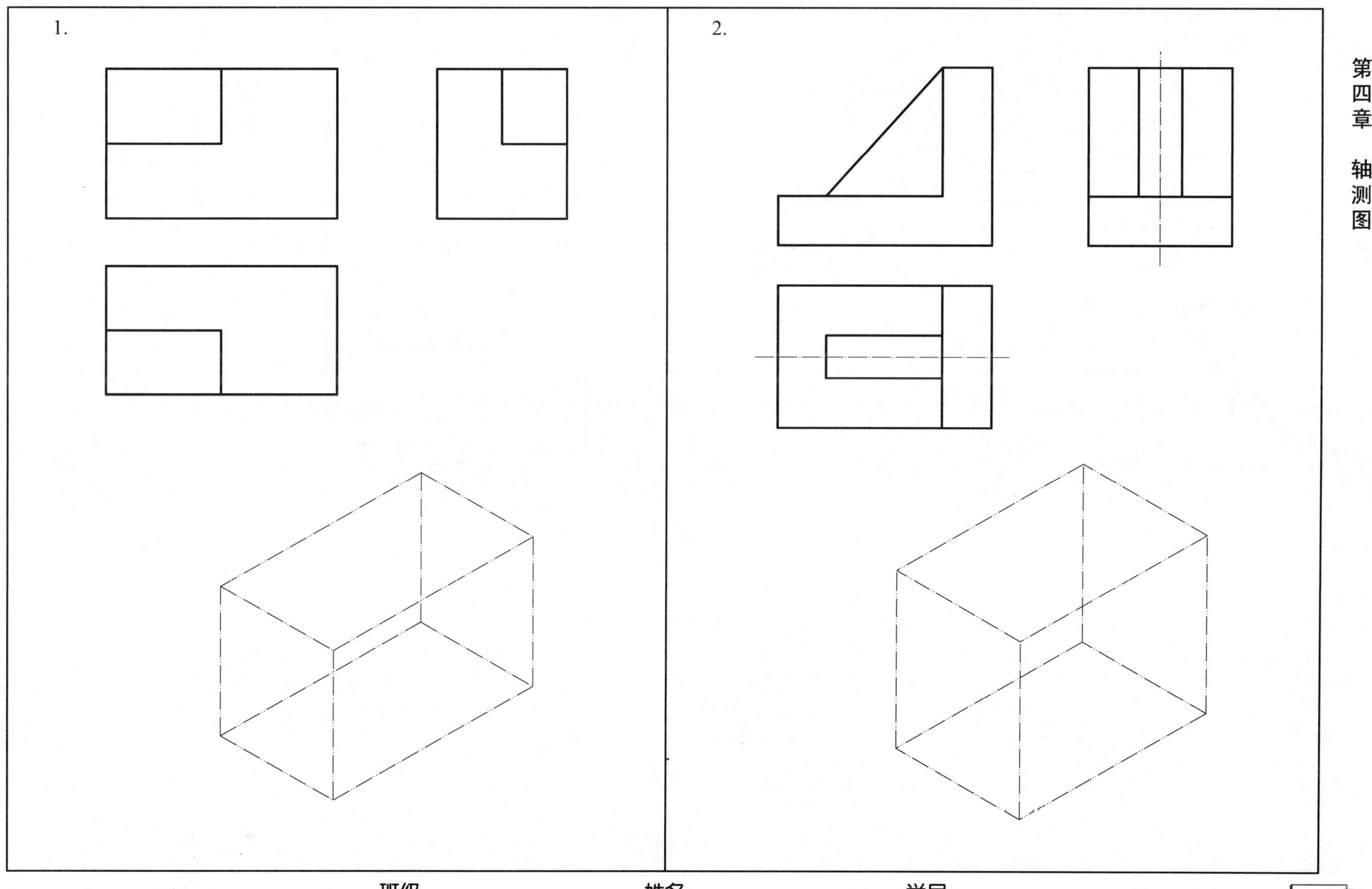

班级　　　　姓名　　　　学号

4-3　根据三视图画正等测，尺寸从视图中按 1 ： 1 的比例量取整数（三）

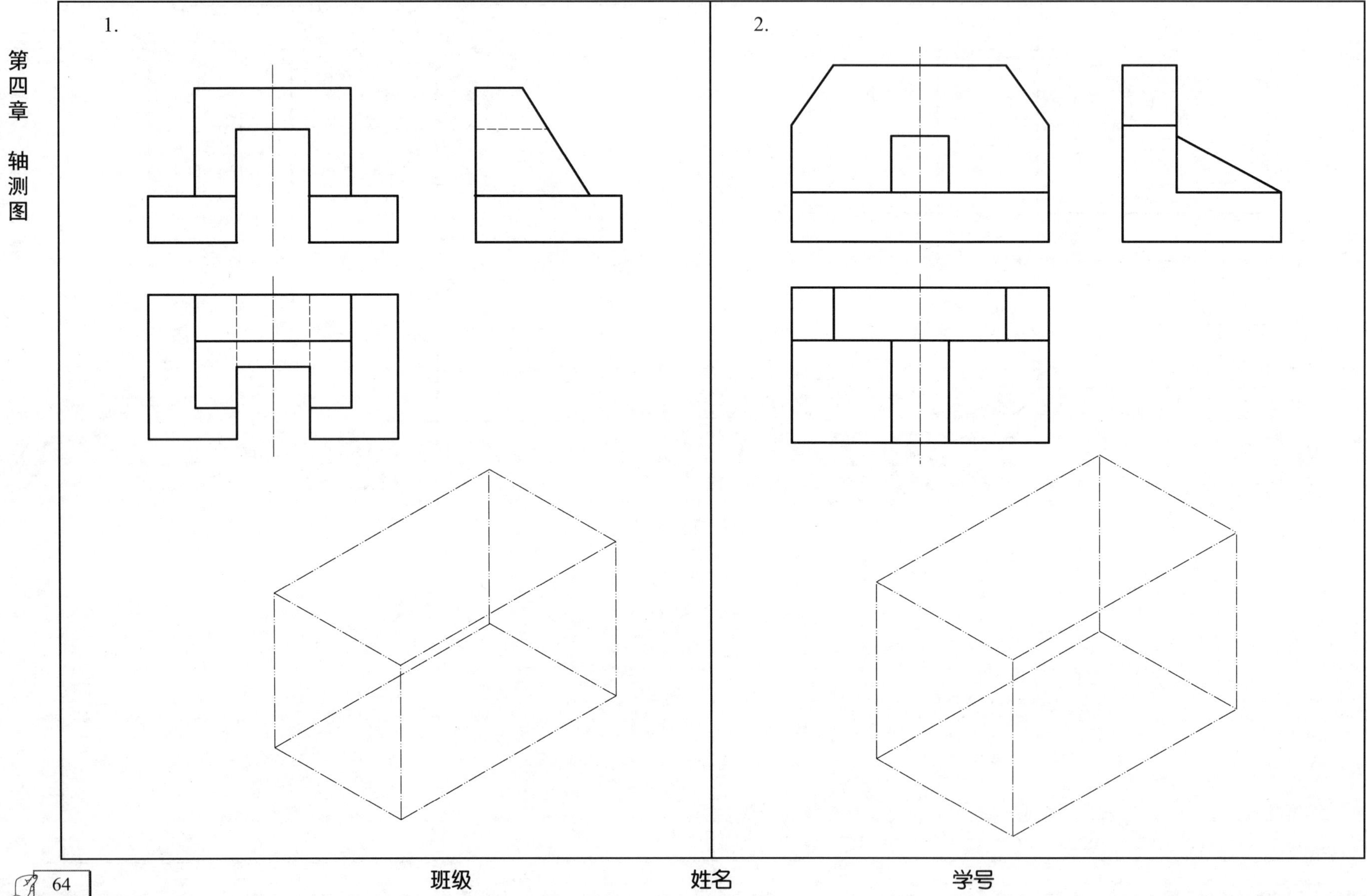

班级　　　　　　　　姓名　　　　　　　　学号

4-4　根据三视图画正等测，尺寸从视图中按 1 ∶ 1 的比例量取整数（四）

1.

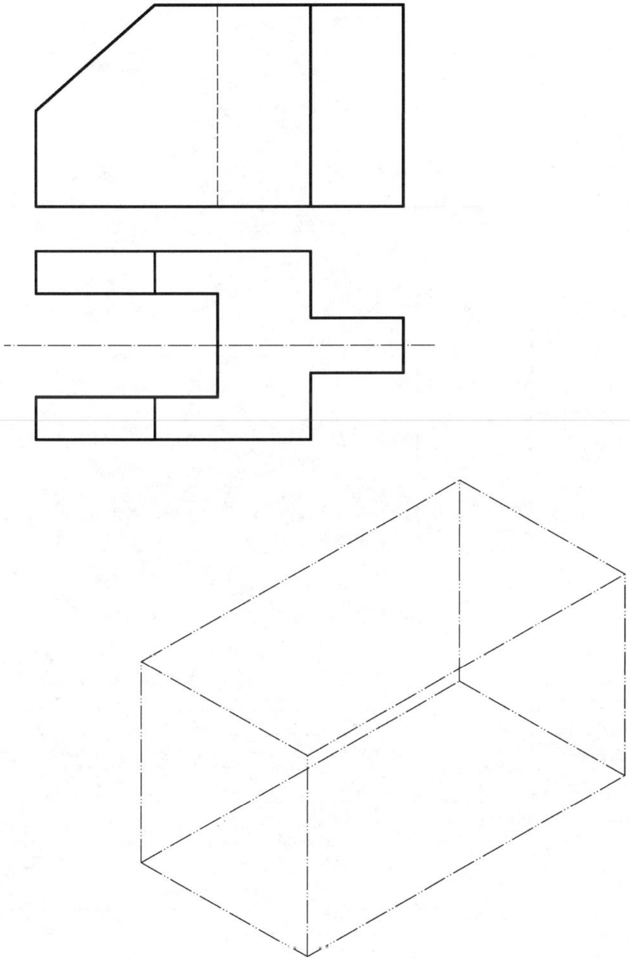

2.

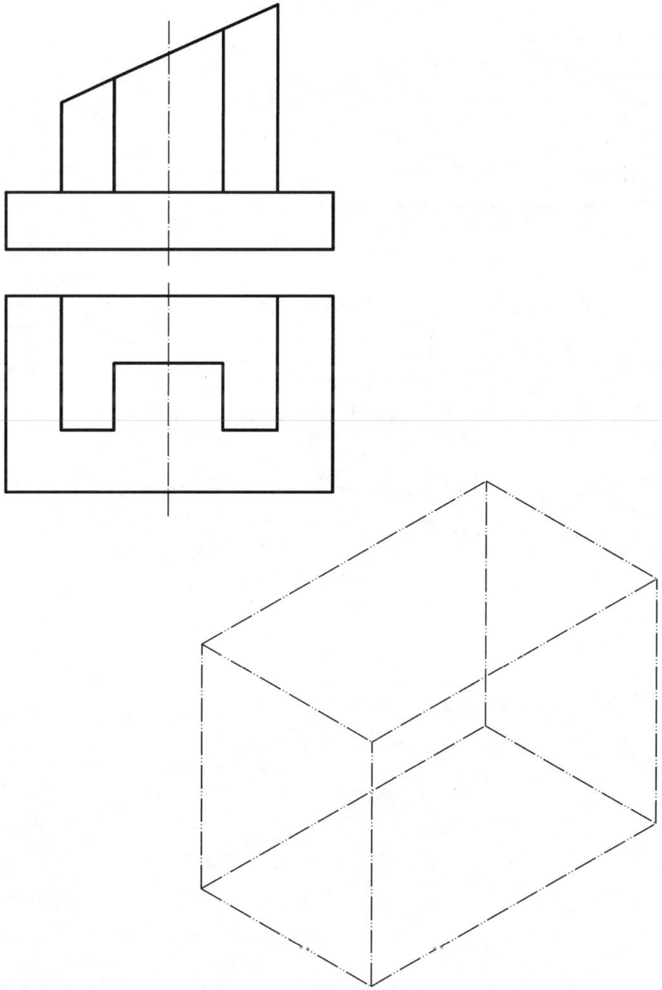

班级　　姓名　　学号

4-5 根据回转体两视图，选择其一绘制正等测

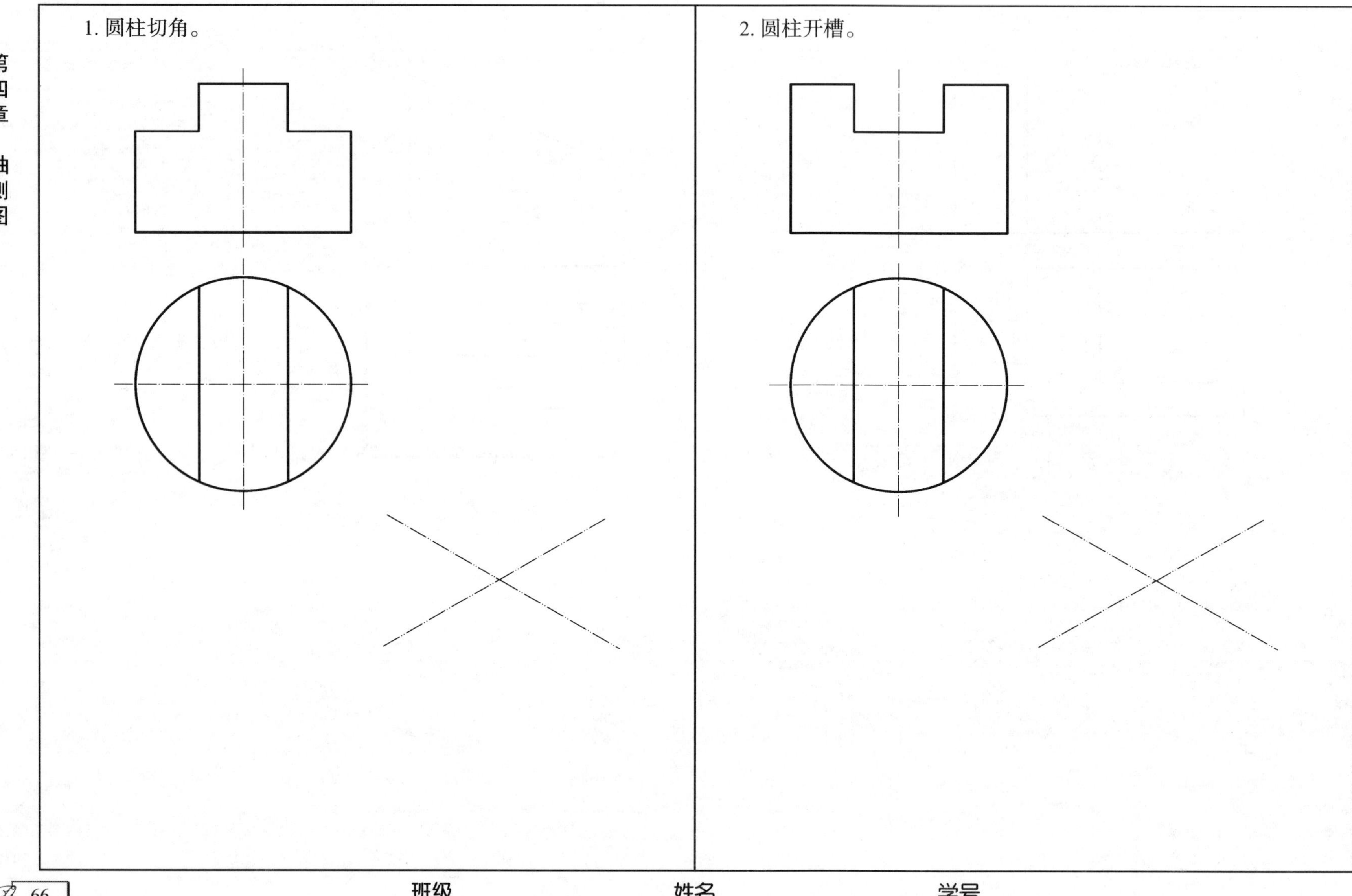

班级 姓名 学号

4-6　根据组合体三视图中的尺寸，按 1 ： 1 的比例绘制其正等测（注意坐标轴的位置）

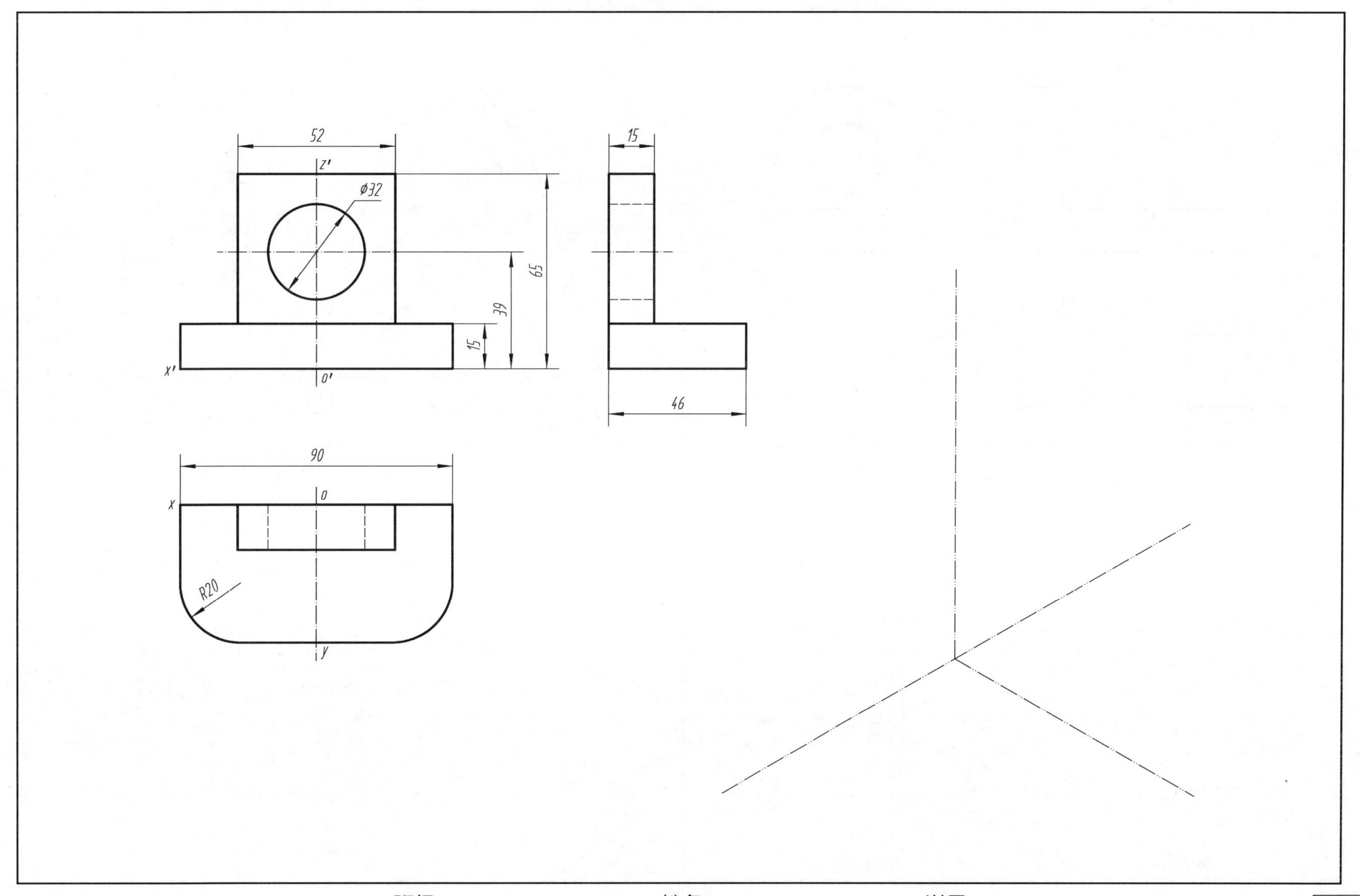

班级　　　　姓名　　　　学号

4-7　根据视图画斜二测，尺寸从视图中按 1 ： 1 的比例量取整数（一）

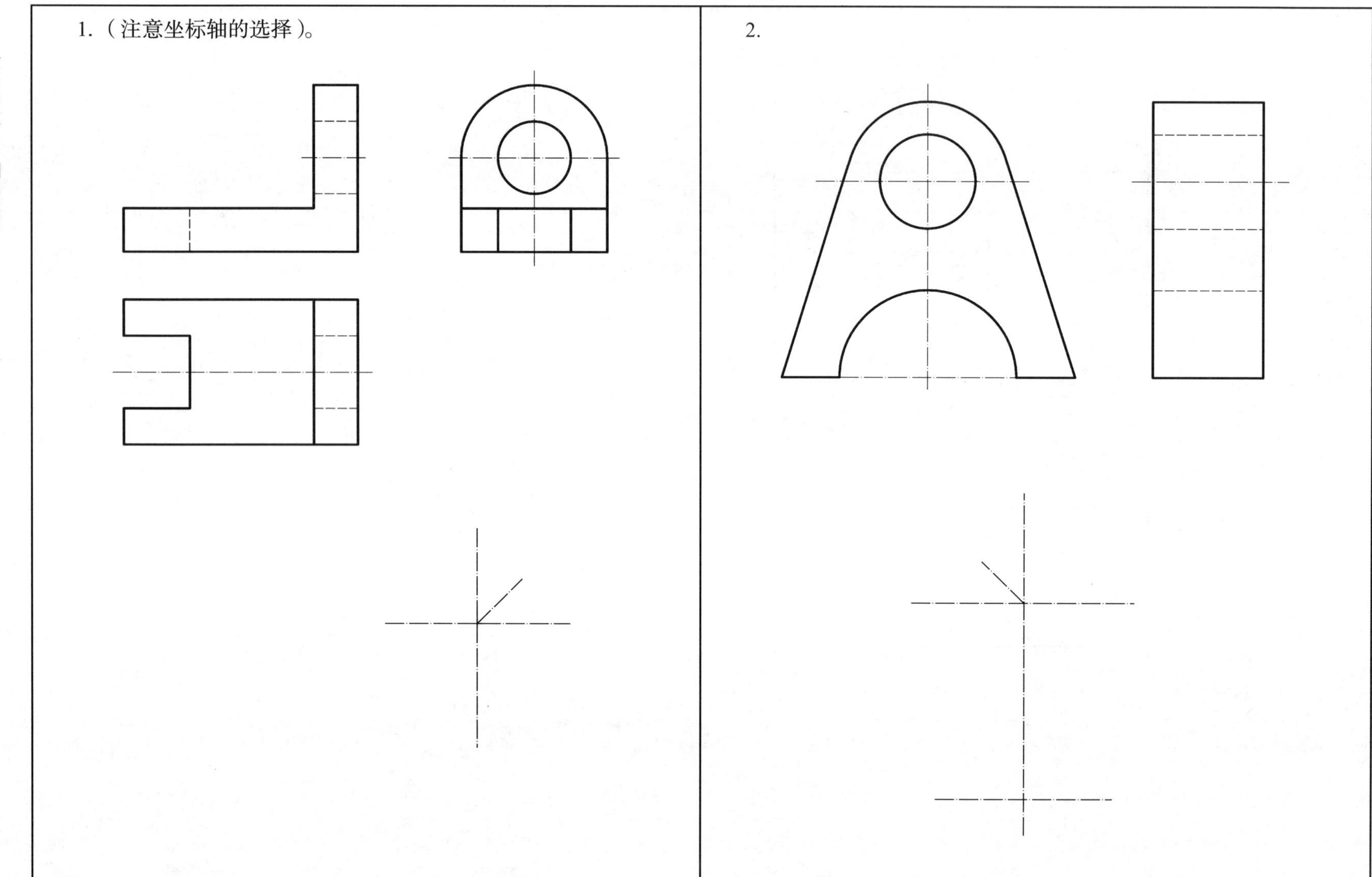

班级　　　　姓名　　　　学号

4-8　根据视图画斜二测，尺寸从视图中按 1 ： 1 的比例量取整数（二）

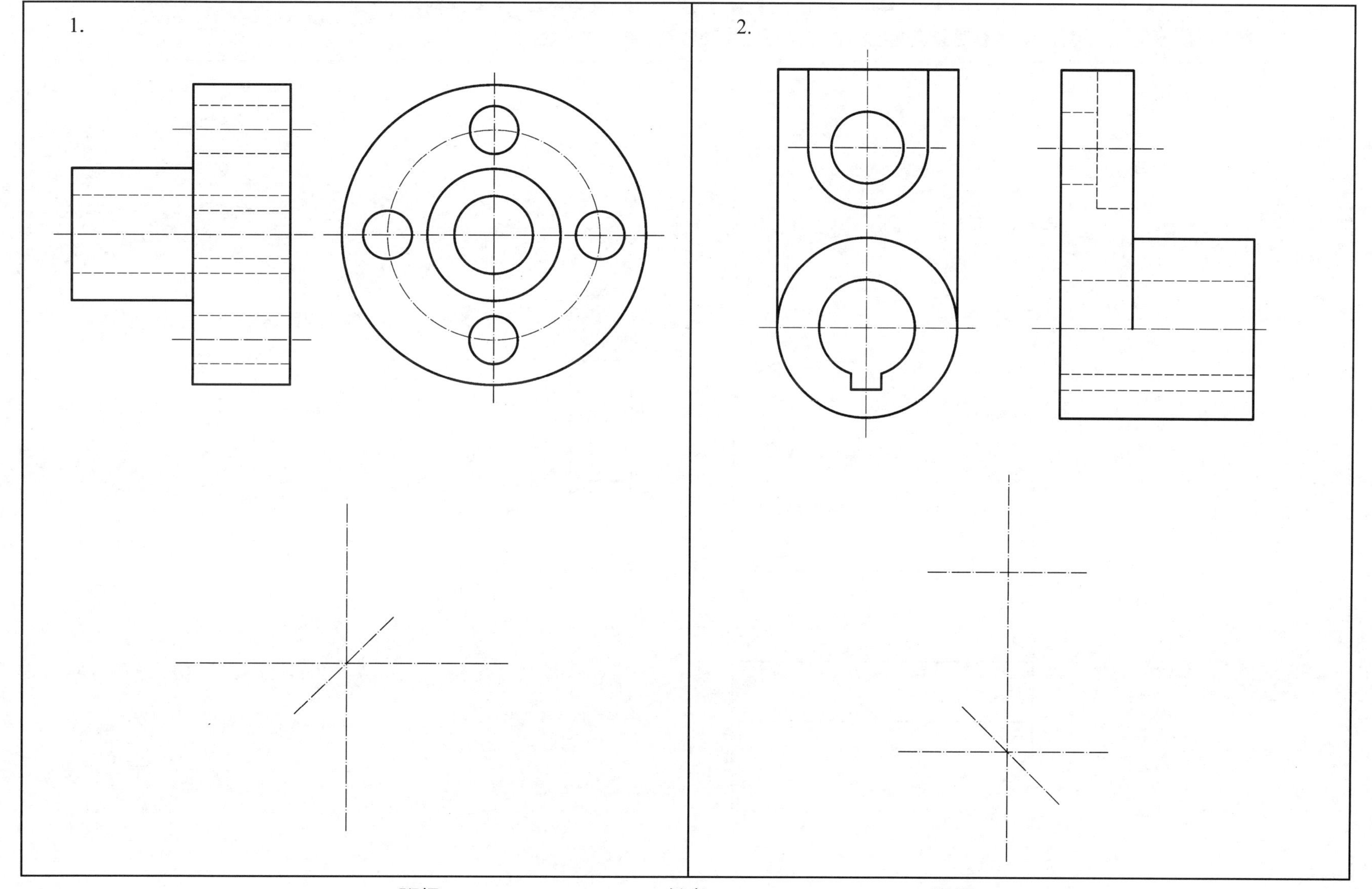

班级　　　　姓名　　　　学号

第五章 物体的表达方法

5-1 根据主、俯、左视图，按基本视图位置配置，在指定位置补画右、后、仰视图

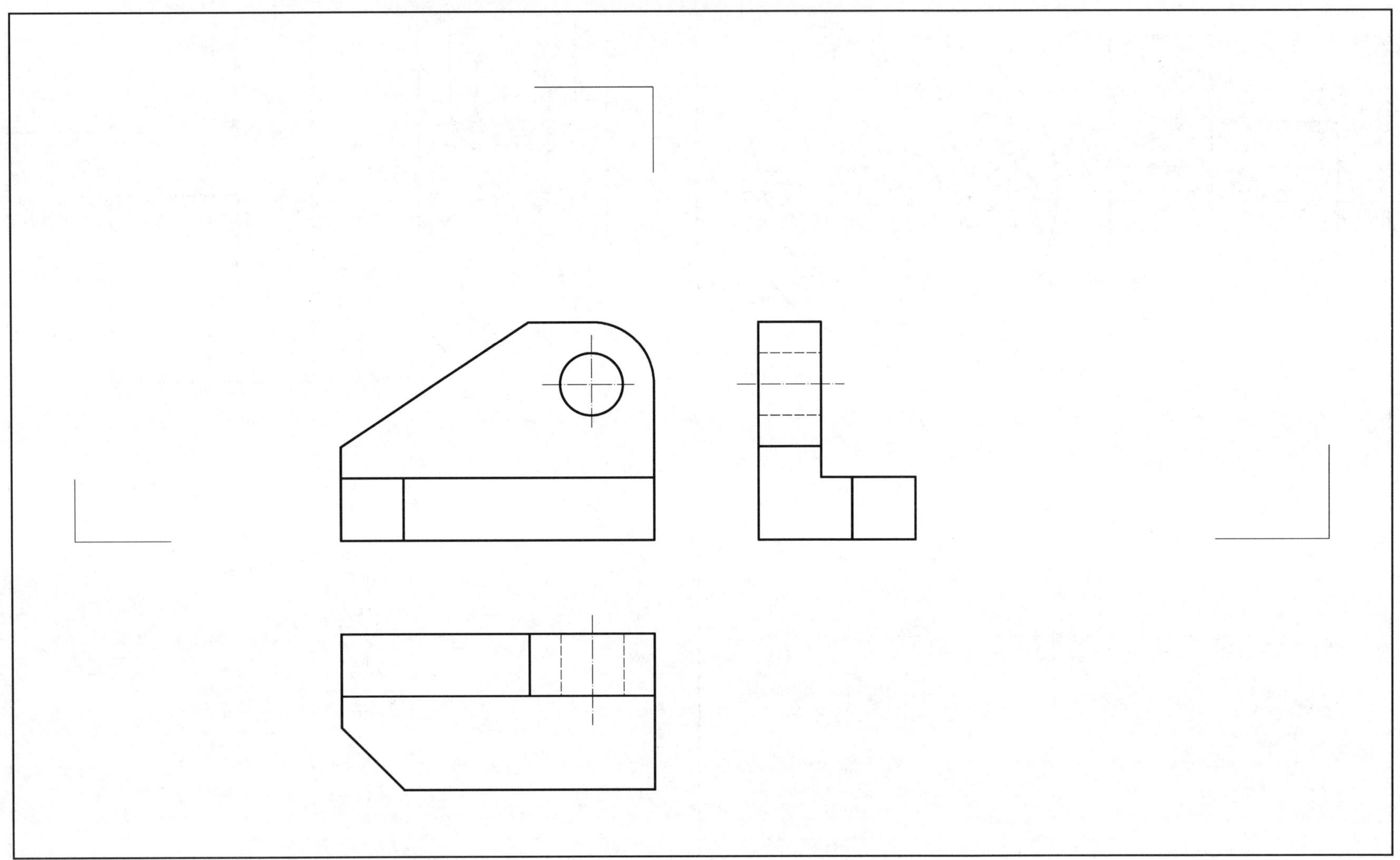

班级 姓名 学号

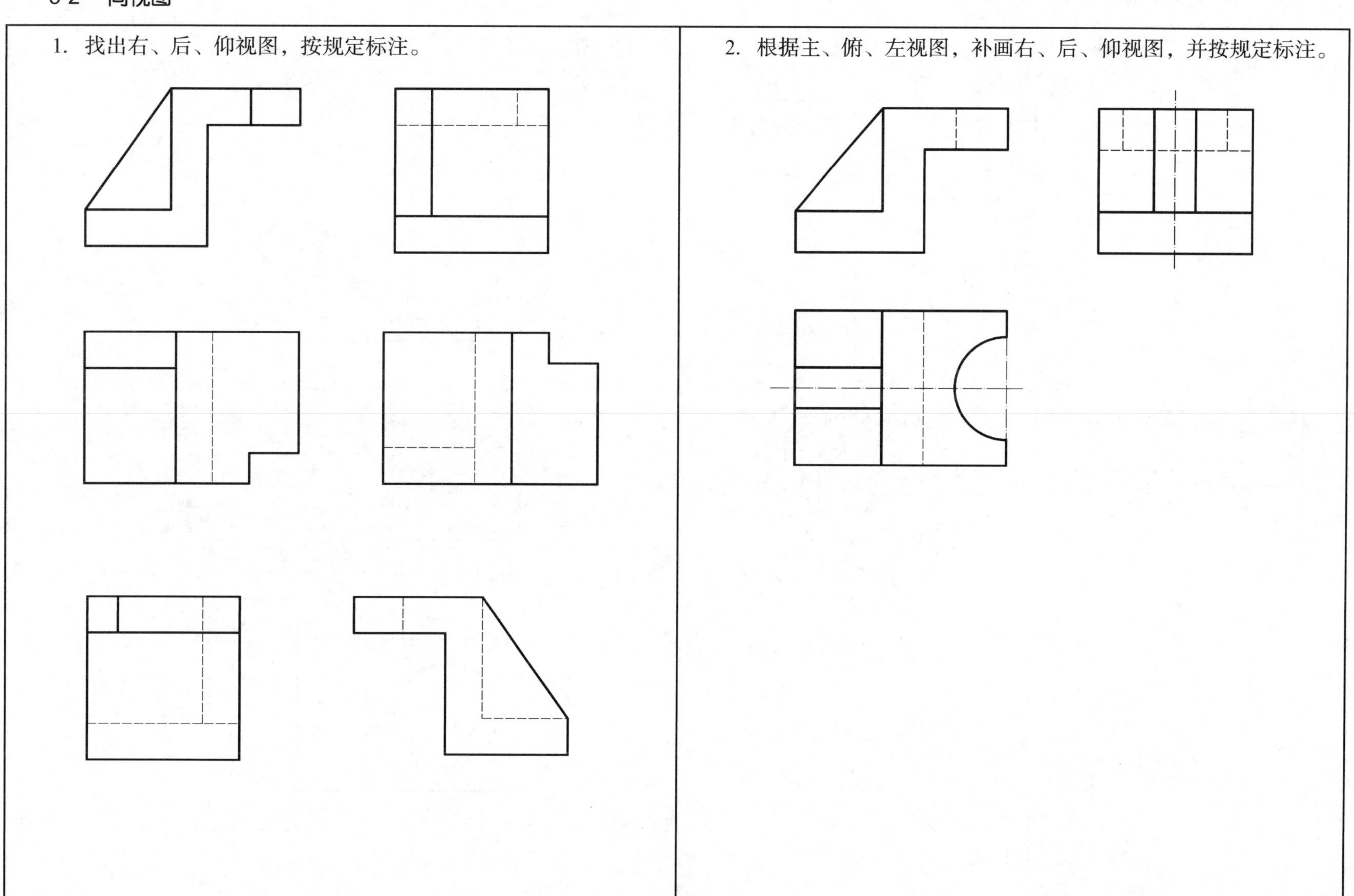

班级 姓名 学号

5-3　局部视图和斜视图（一）

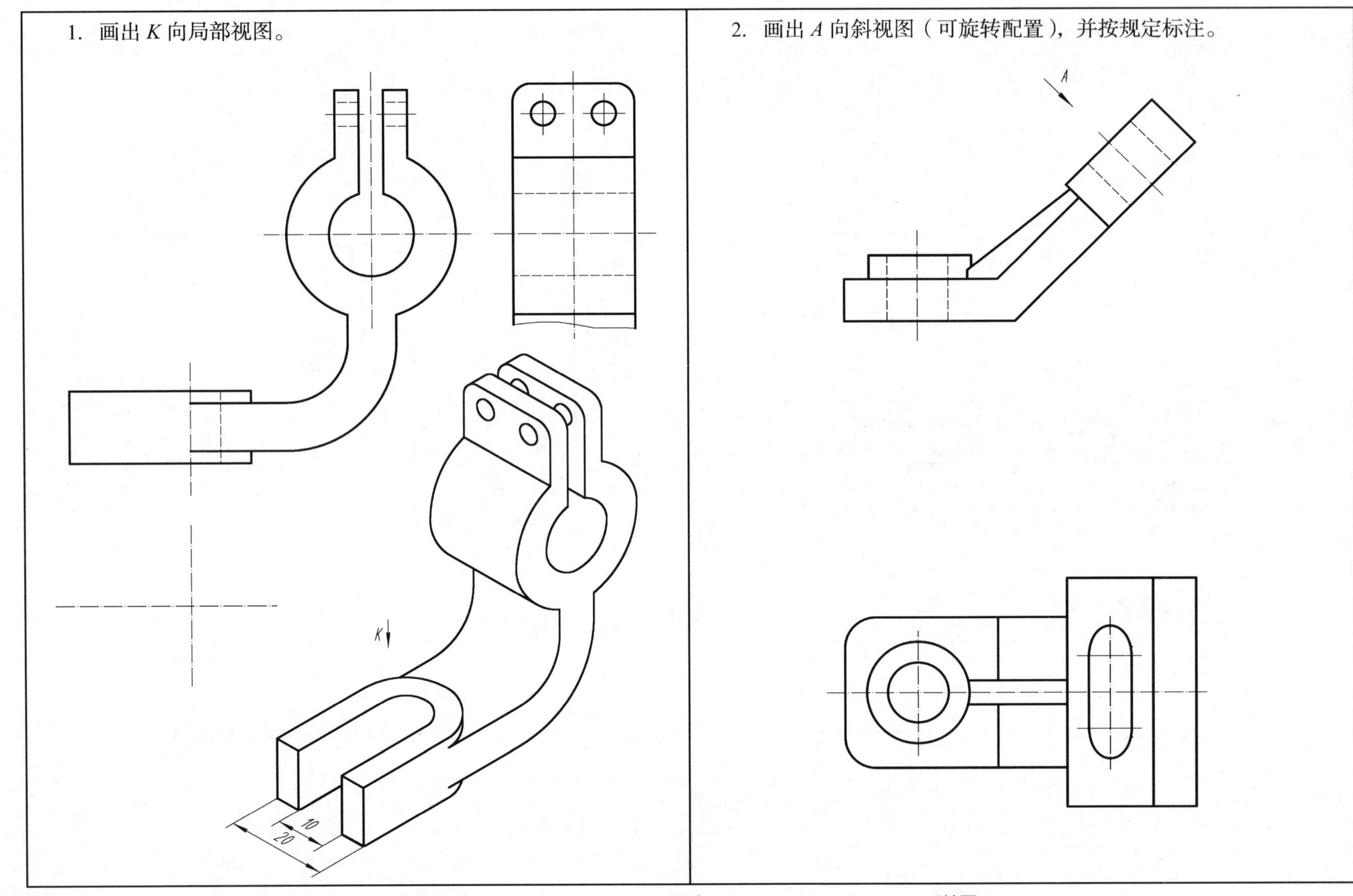

班级　　　　姓名　　　　学号

1. 画出 *A* 向斜视图（可旋转配置）和 *B* 向局部视图，并按规定标注。

2. 画出 *K* 向斜视图（可旋转配置），并按规定标注。

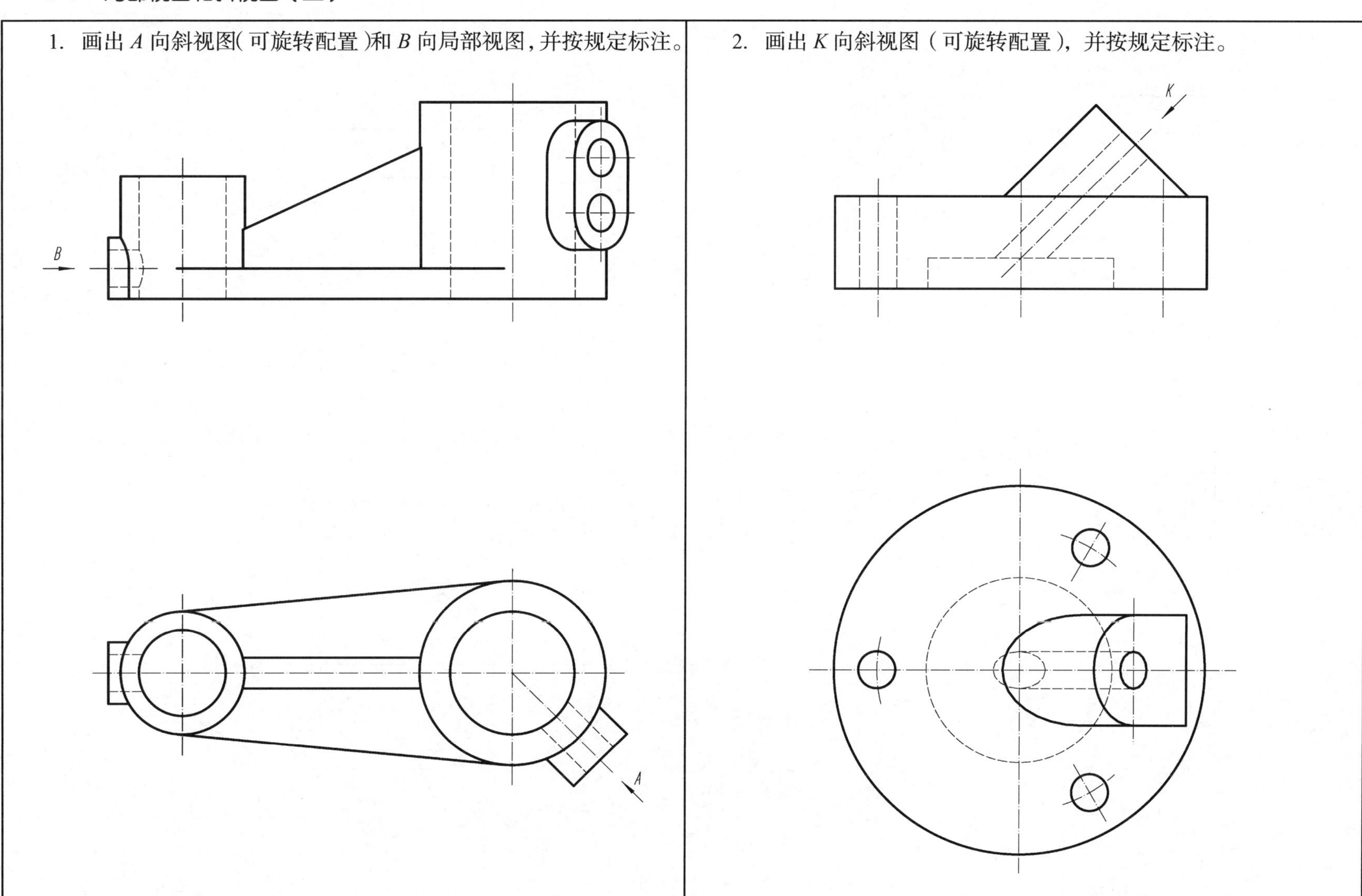

班级　　　　姓名　　　　学号

5-5　分别画出 *A* 向和 *C* 向斜视图（可旋转配置），并按规定标注

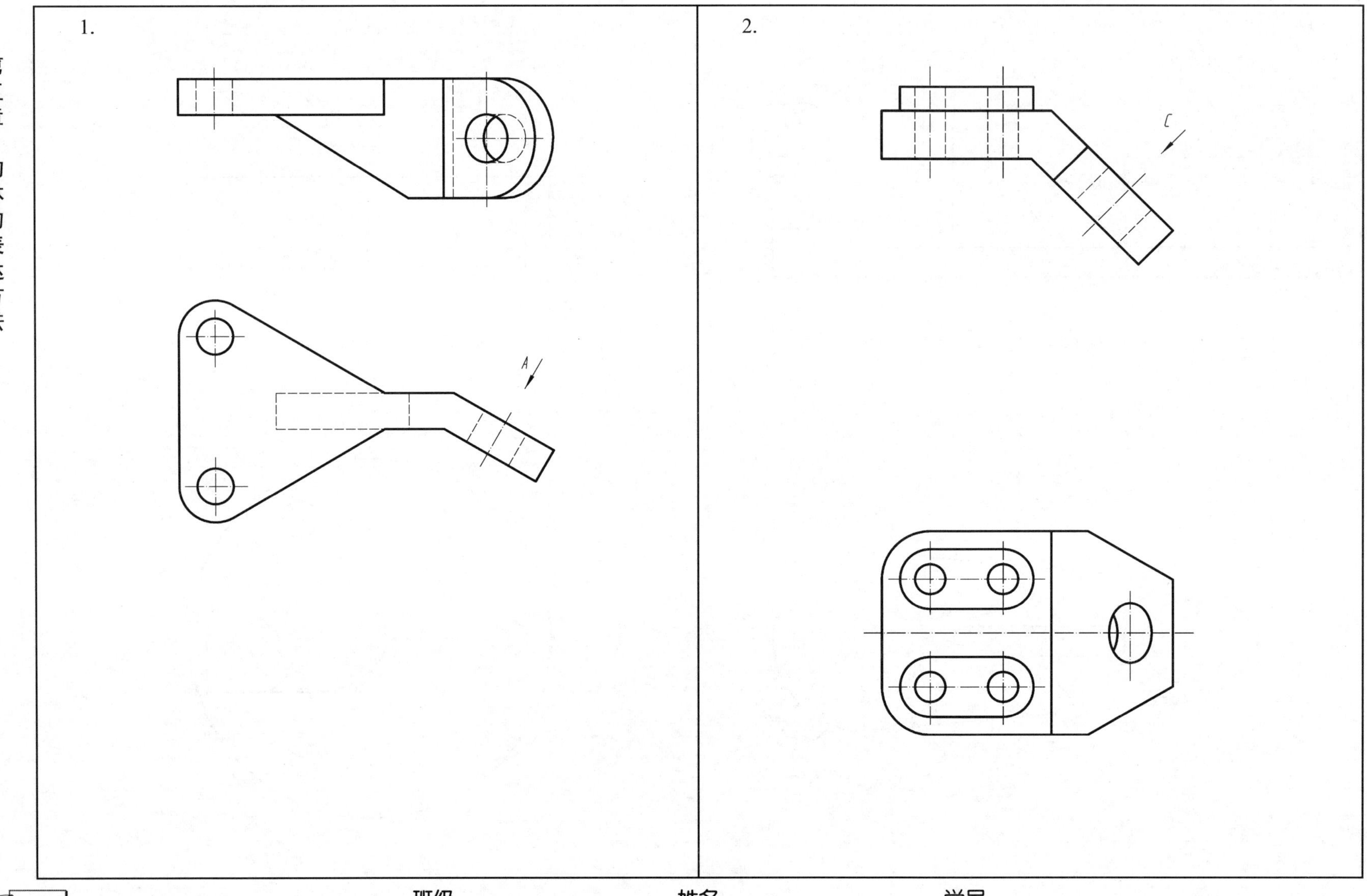

班级　　姓名　　学号

5-6　补画剖视中所缺的图线

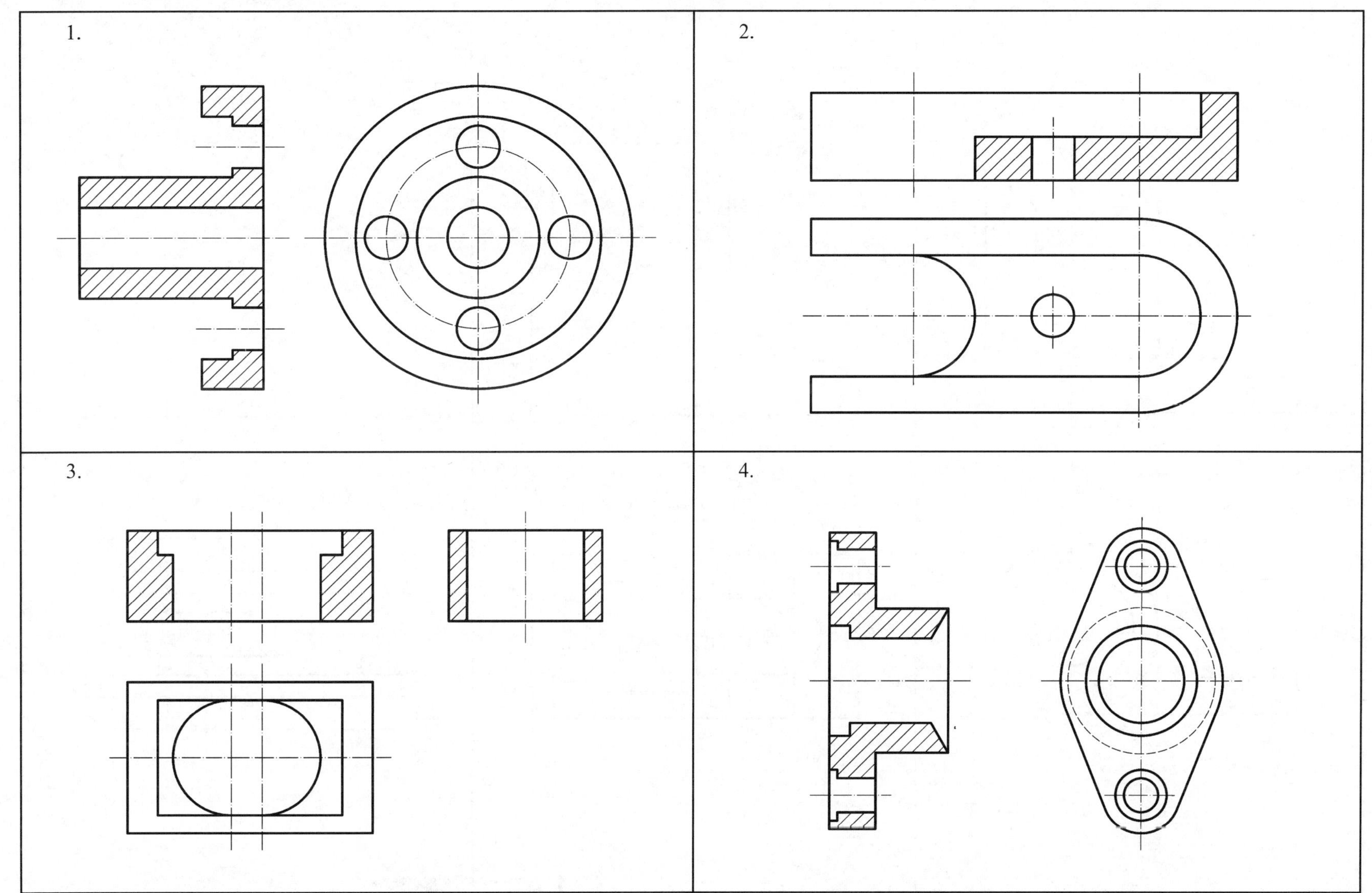

班级　　　　姓名　　　　学号

5-7　将主视图改画成全剖视（不要的线打 ×）

1.

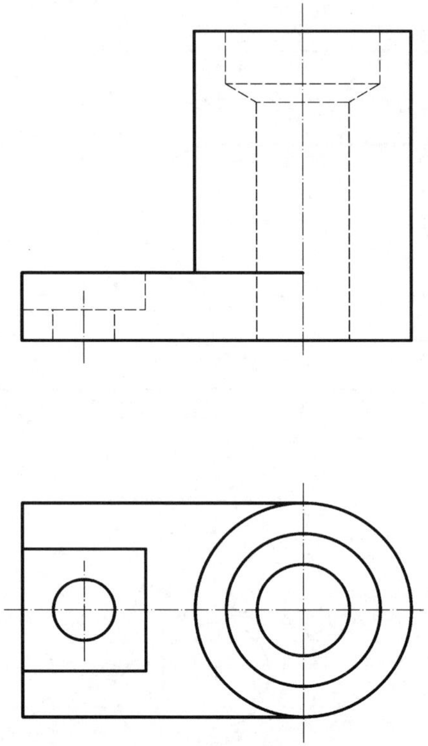

2.

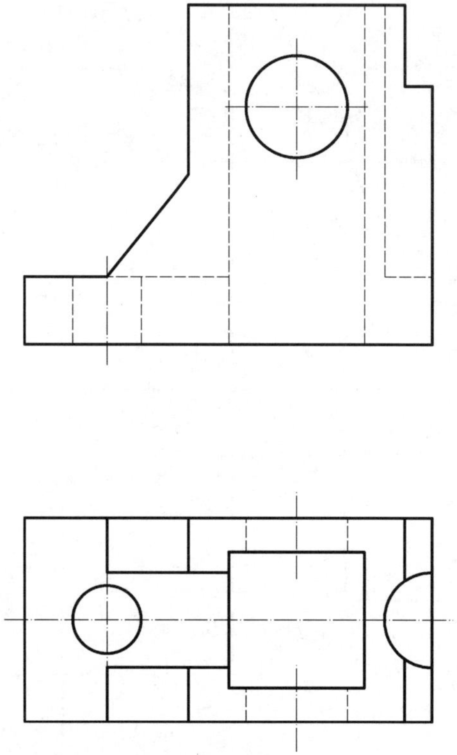

3.

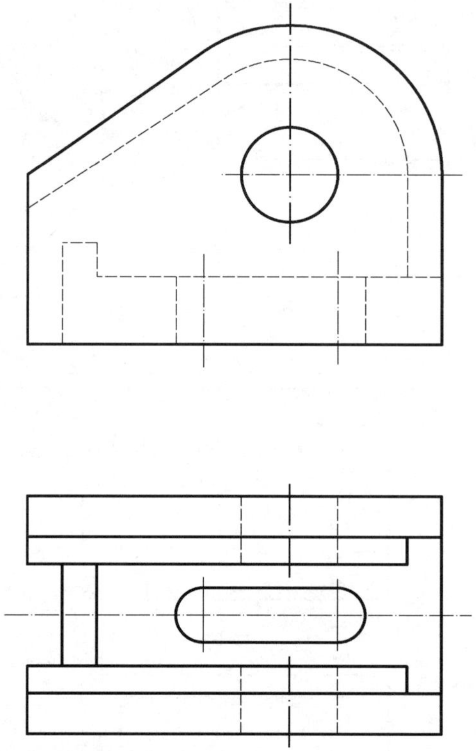

班级　　　　姓名　　　　学号

5-8 在指定位置将主视图改画成全剖视图

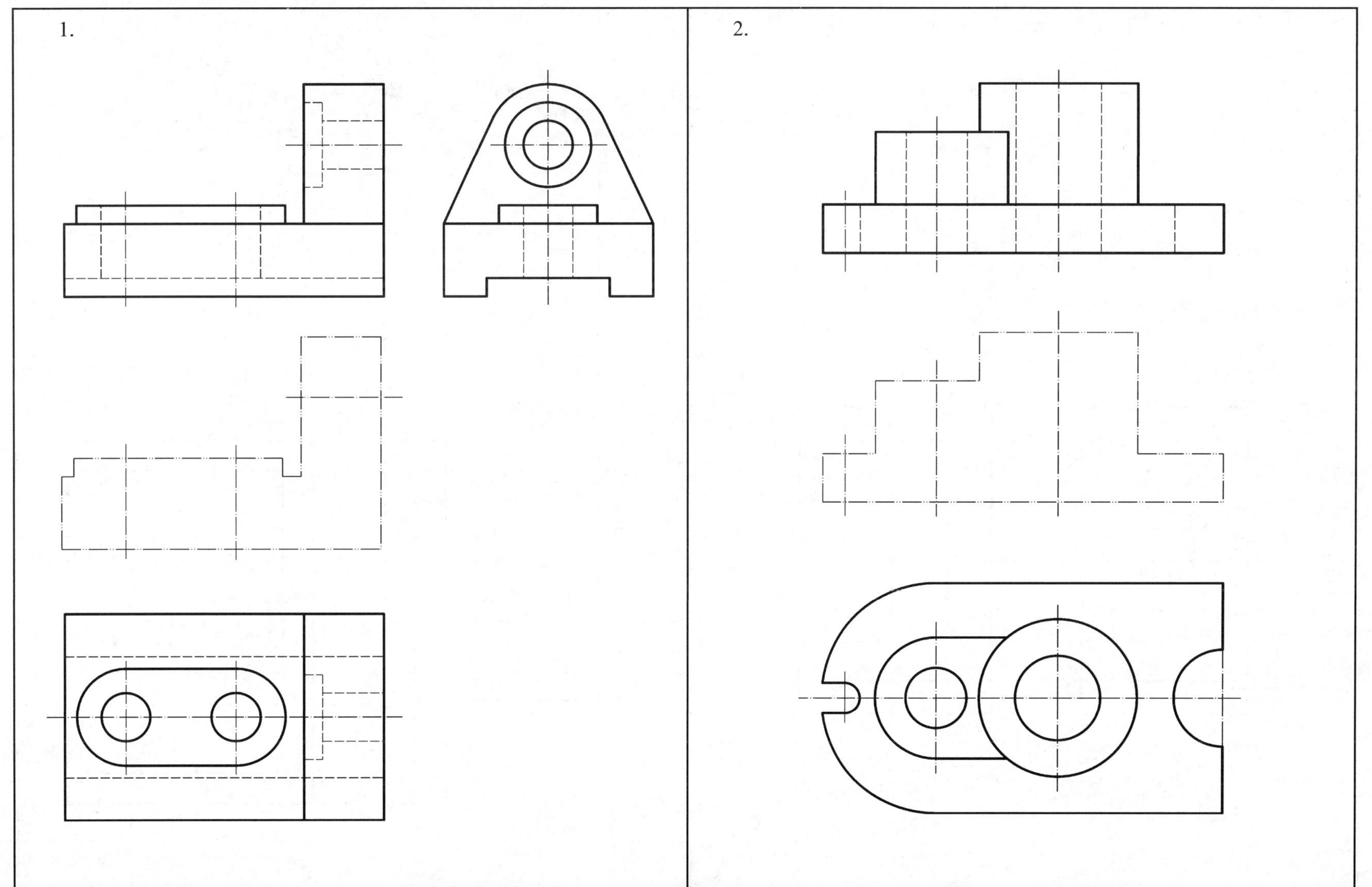

班级　　　　姓名　　　　学号

5-9 画出全剖的左视图（一）

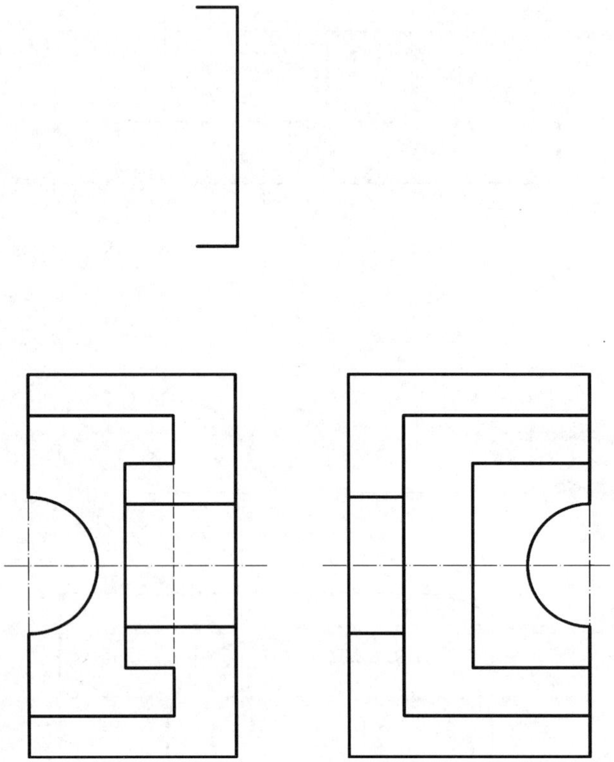

1.

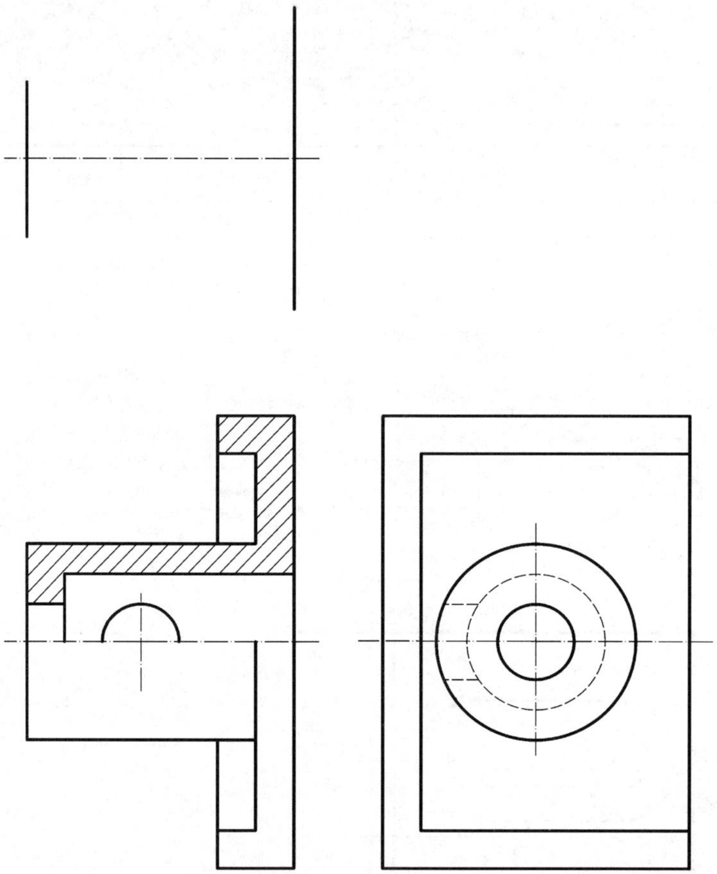

2.

班级 姓名 学号

5-10　画出全部的左视图（二）

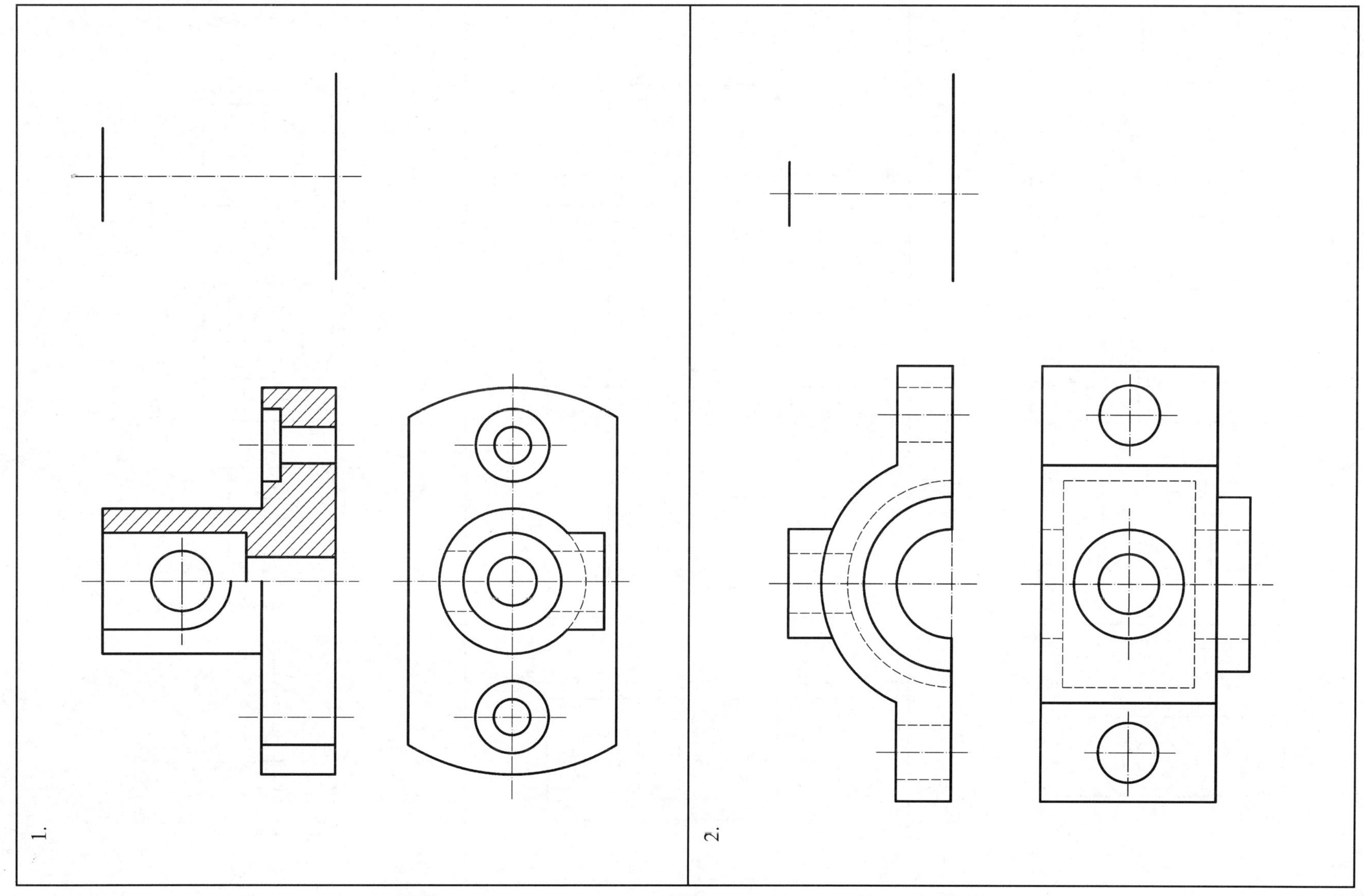

班级　　姓名　　学号

5-11 选择正确的主视图，在括号内画√

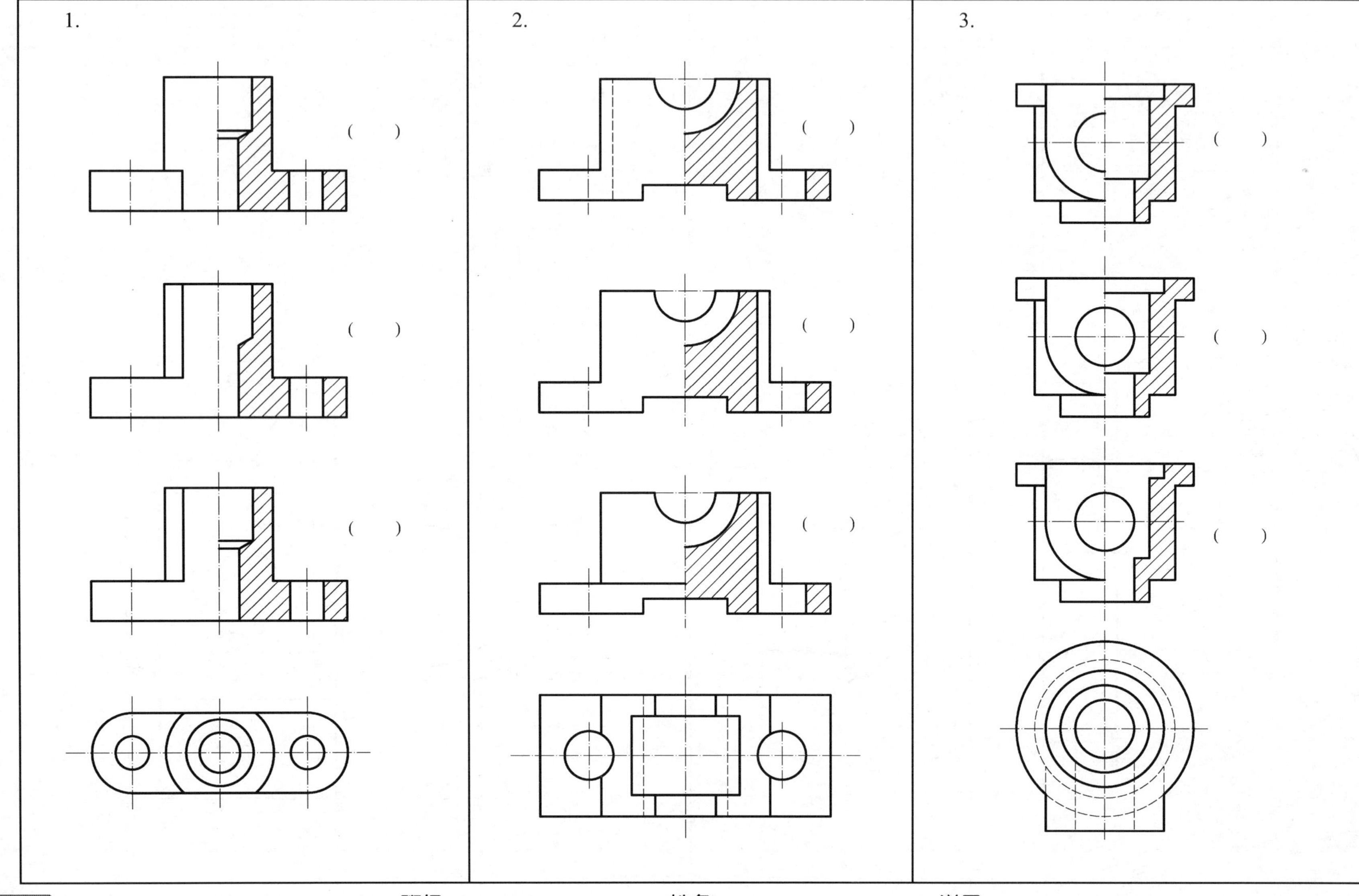

班级 姓名 学号

5-12　在指定位置将主视图改画成半剖视图（一）

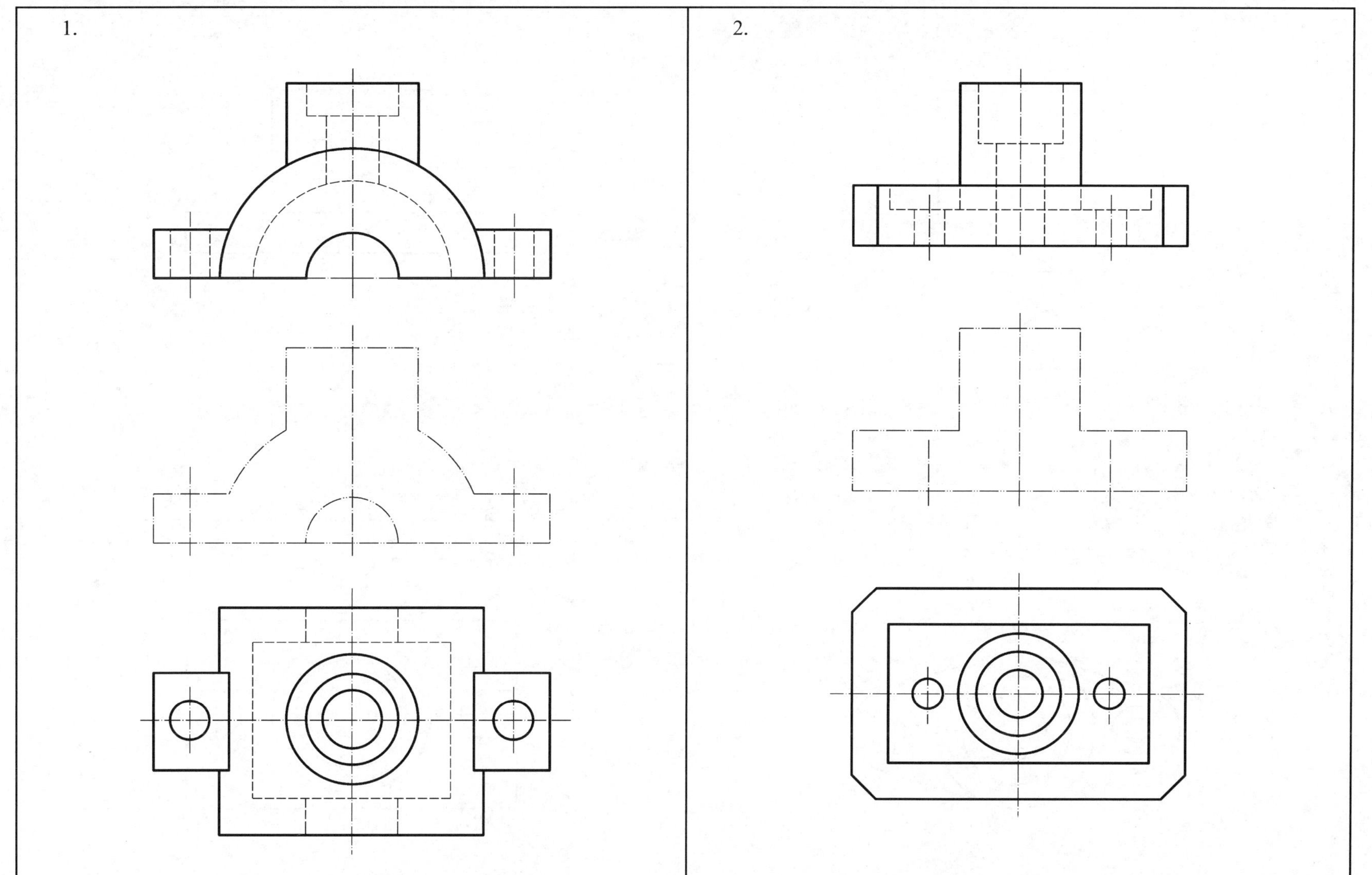

班级　　　　姓名　　　　学号

5-13　在指定位置将主视图改画成半剖视图（二）

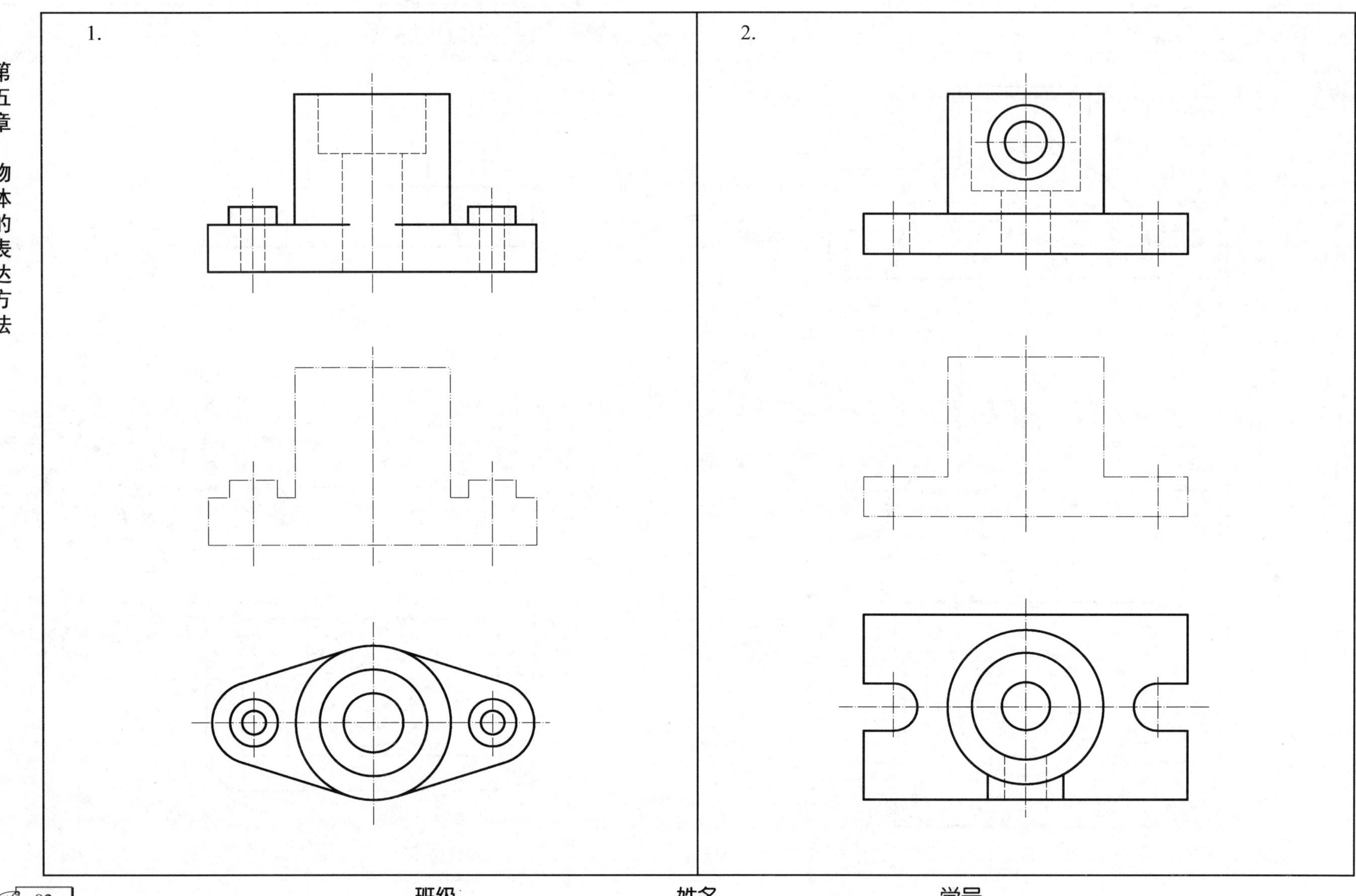

班级　　　　姓名　　　　学号

5-14　将主、左视图改画成半剖视图

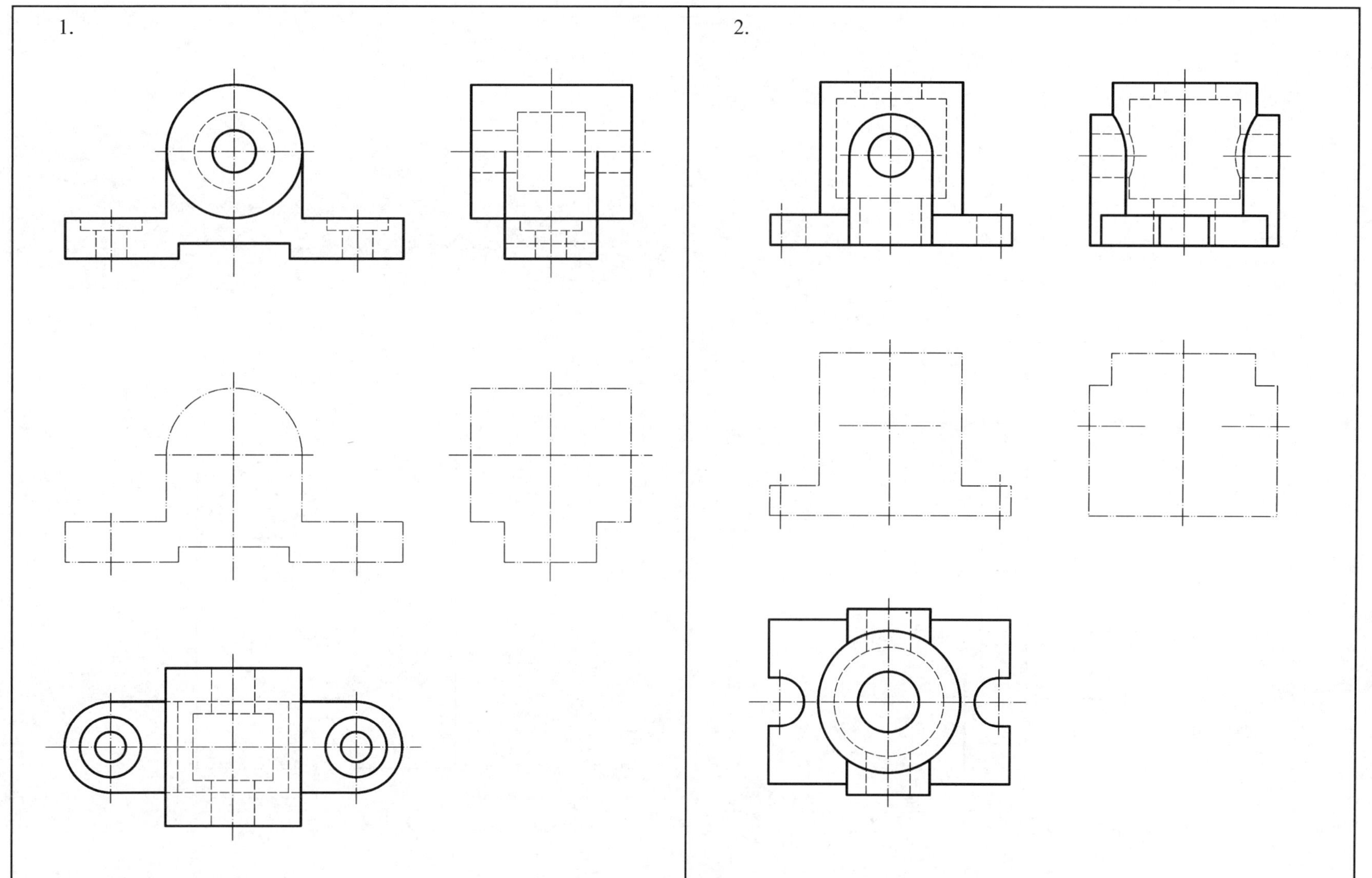

第五章　物体的表达方法

班级　　　　姓名　　　　学号

5-15　将主视图改画成全剖视图，并补画半剖的左视图

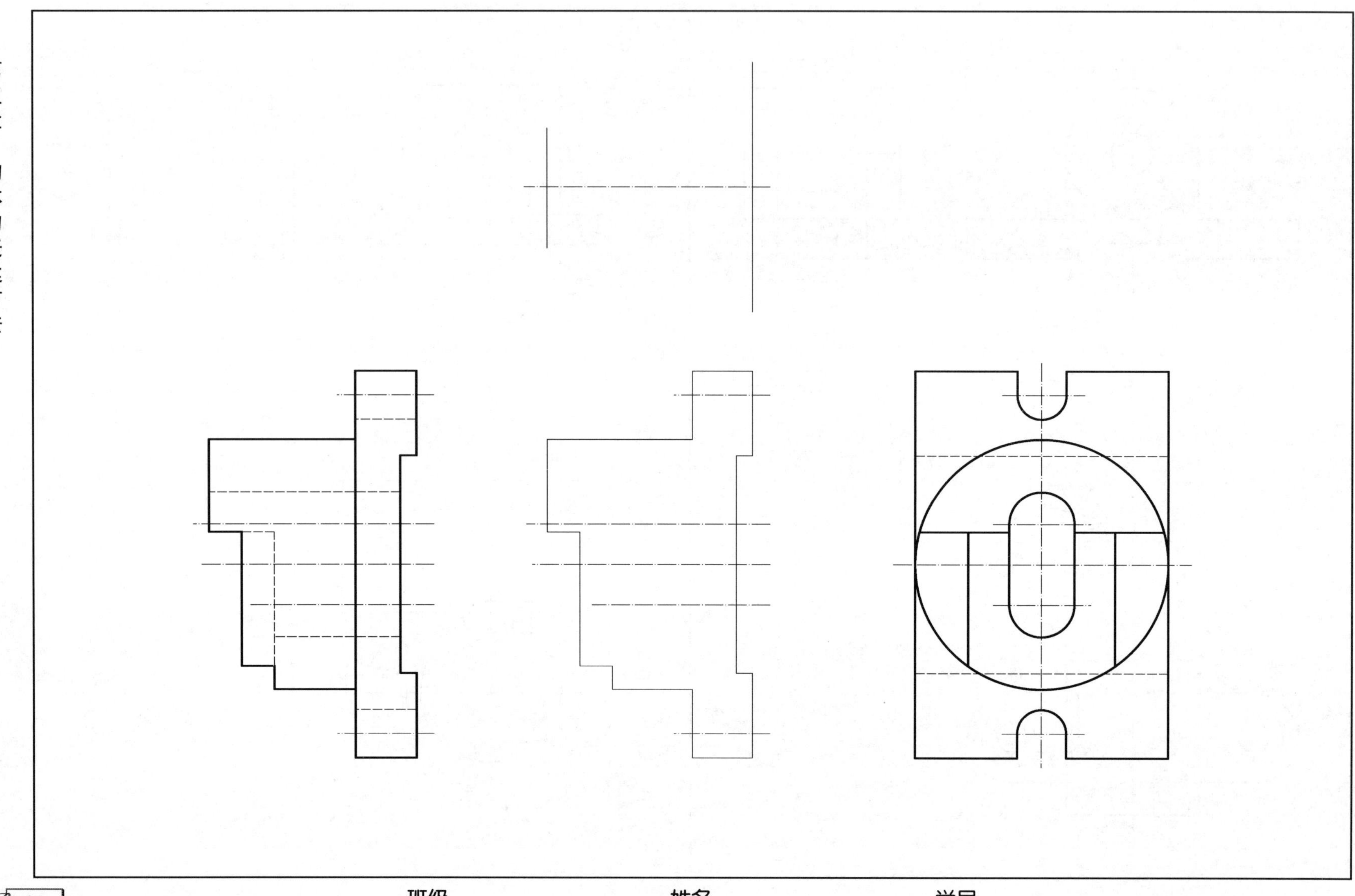

班级　　　　姓名　　　　学号

5-16　选择正确的局部剖视图，在括号内画 √

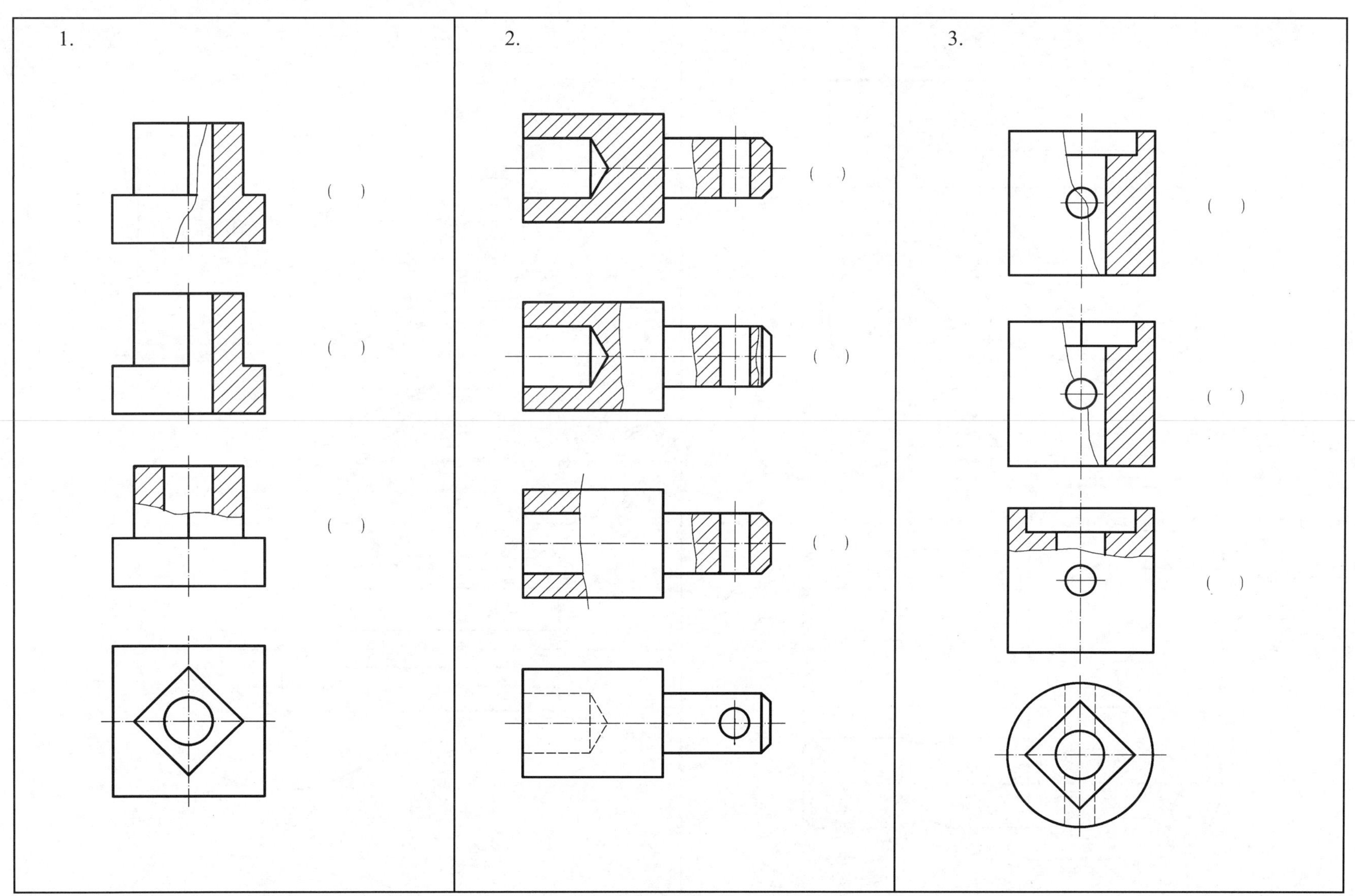

第五章　物体的表达方法

班级　　　　姓名　　　　学号

5-17　在适当的部位作局部剖视图，多余的线画 ×

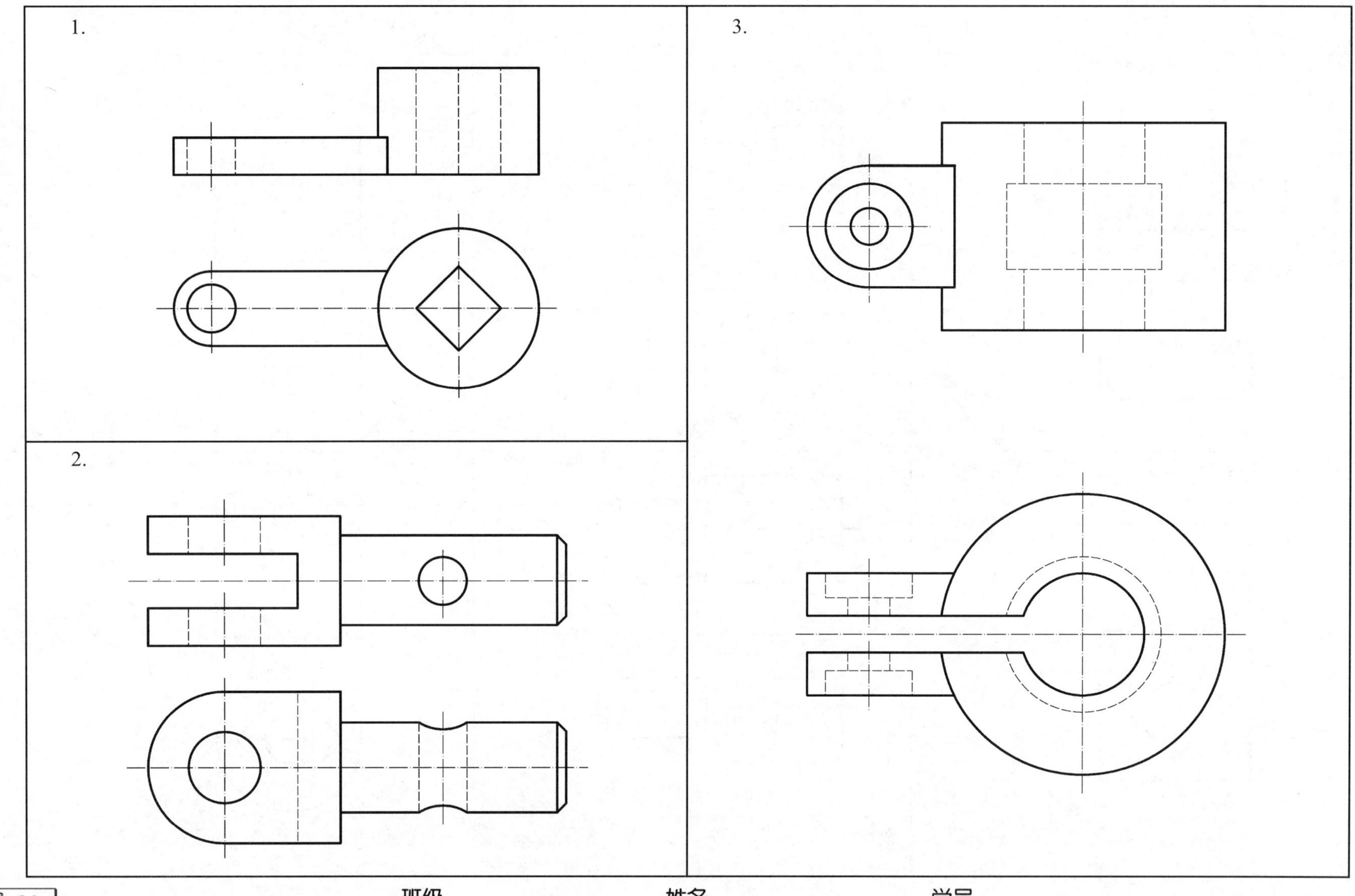

班级　　　　姓名　　　　学号

5-18　用相交的剖切面，将主视图改画成剖视图

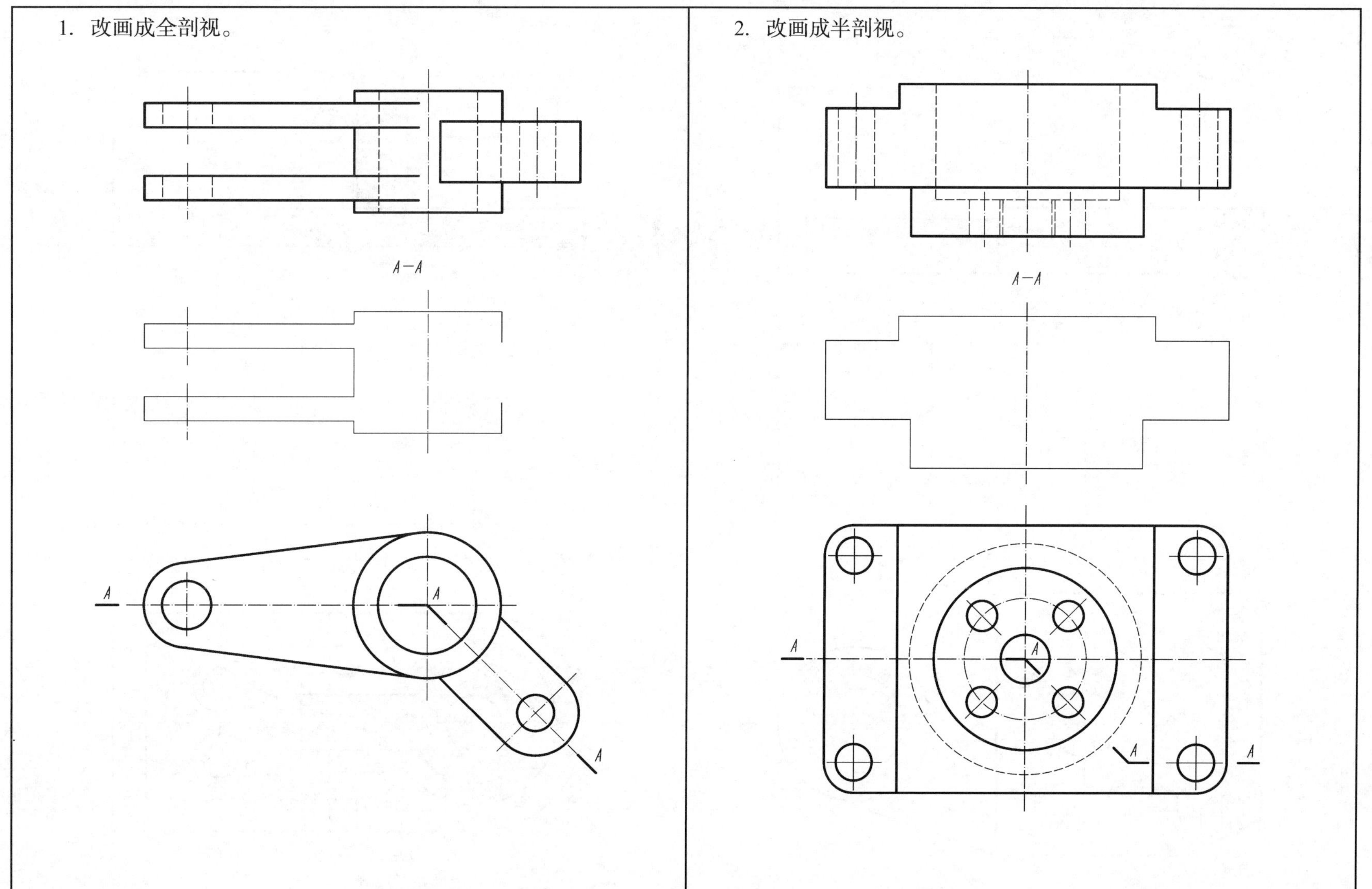

5-19　用平行的剖切面，将主视图改画成全剖视图

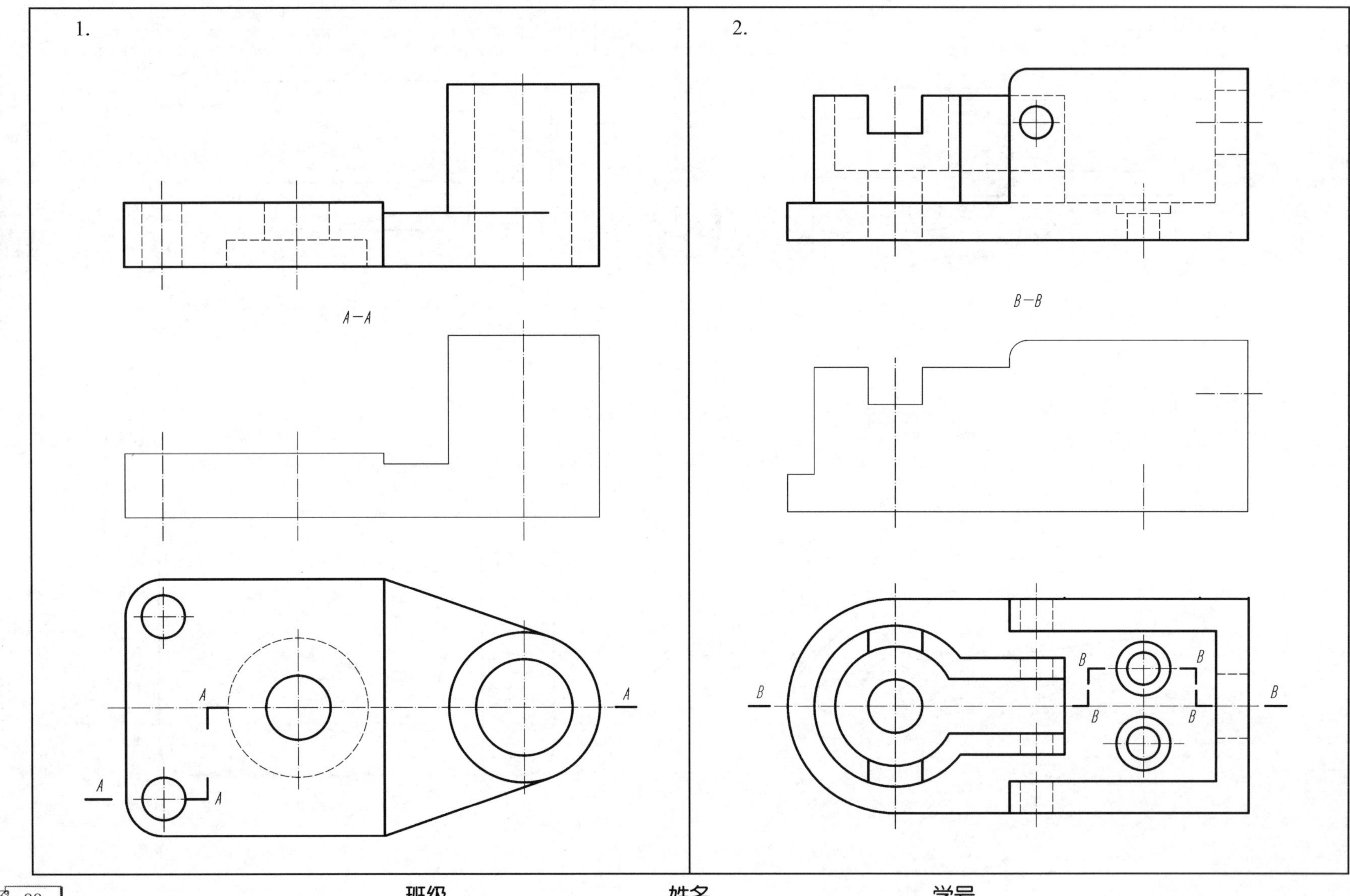

班级　　　　姓名　　　　学号

5-20　选择正确的主视图，在括号内画√

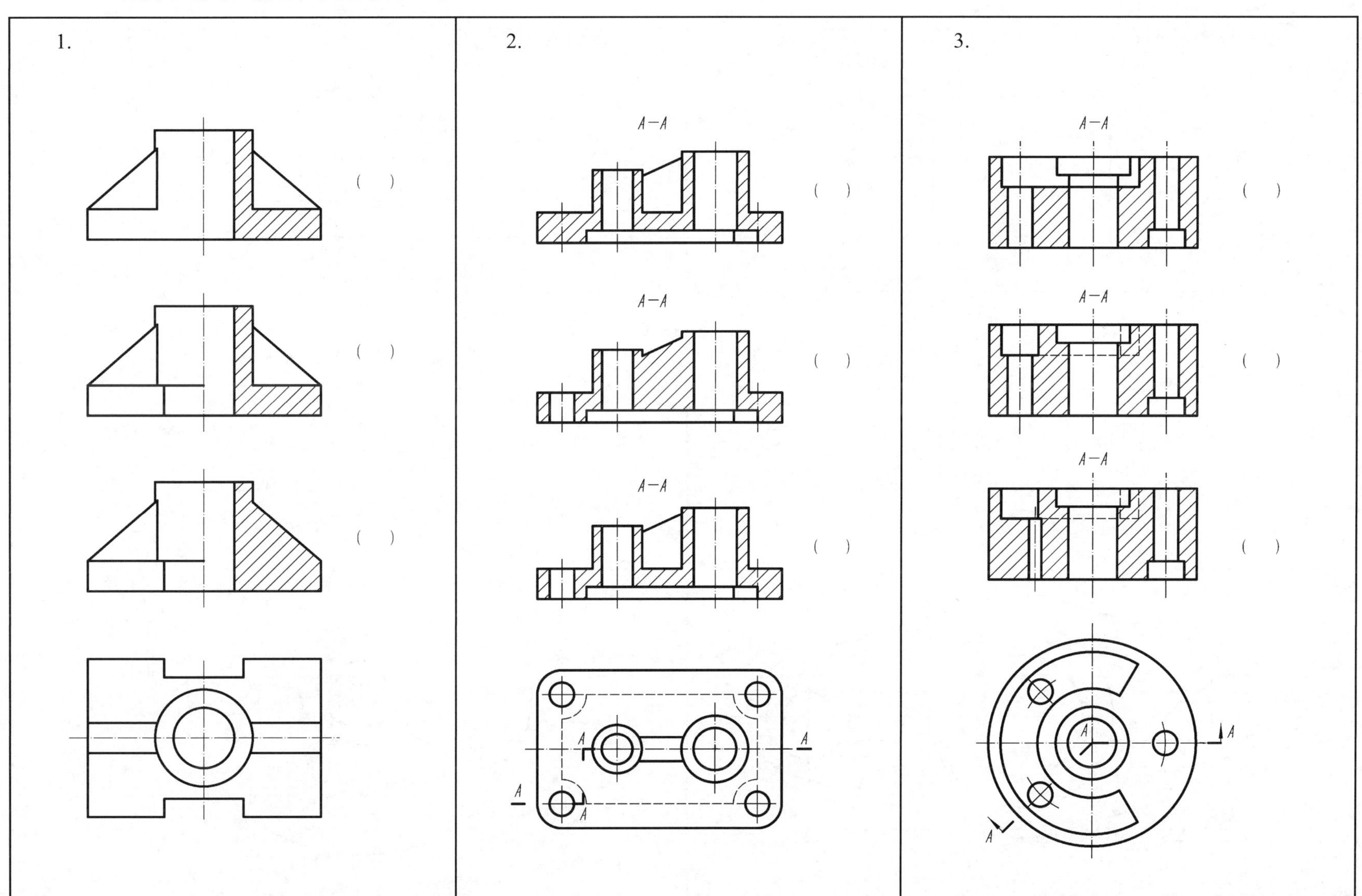

班级　　　　姓名　　　　学号

5-21　按剖视图的规定画法，将主视图改画成指定的剖视图

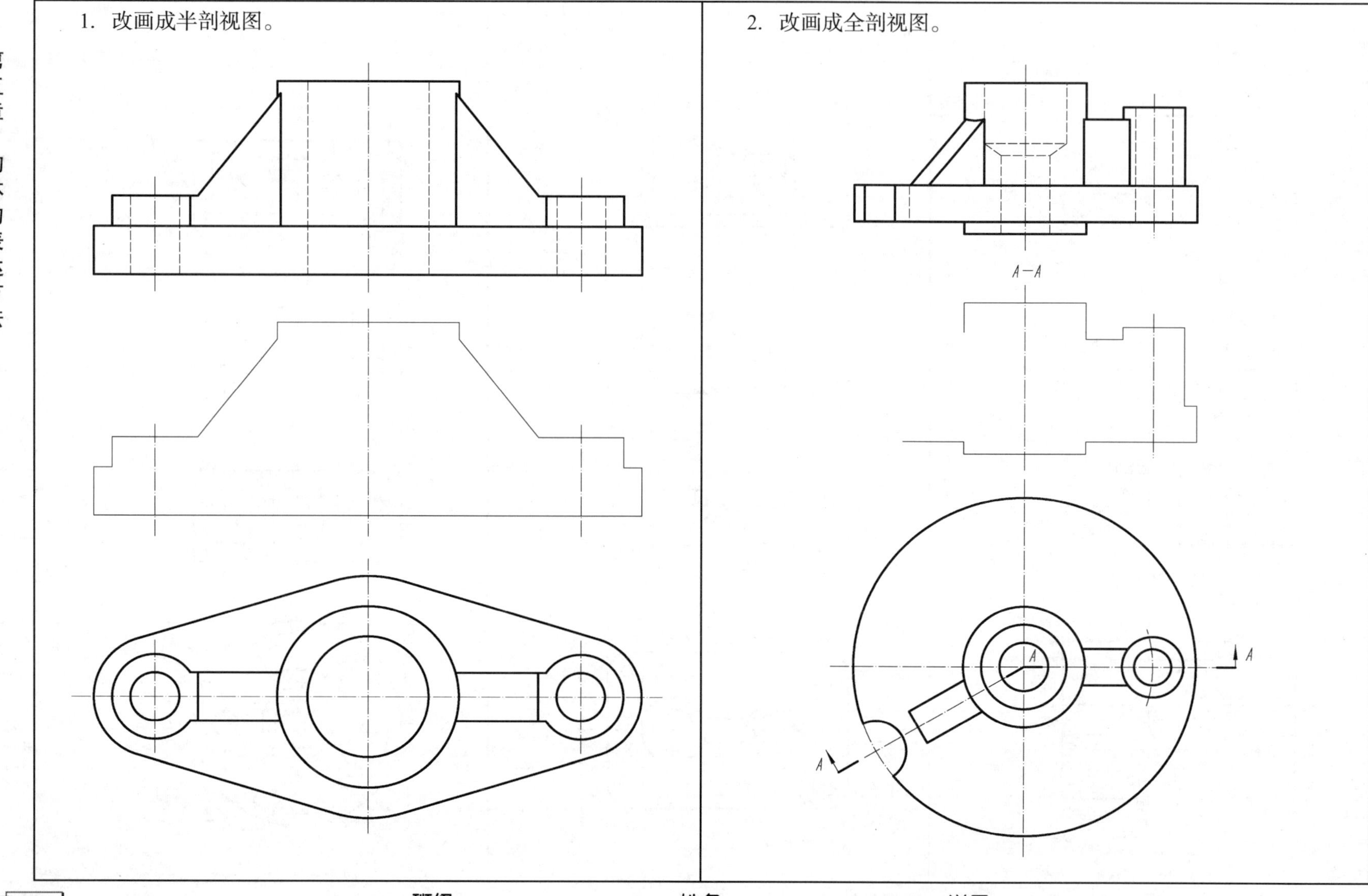

班级　　姓名　　学号

5-22　按剖视图的规定画法，在指定位置画出正确的全剖视图

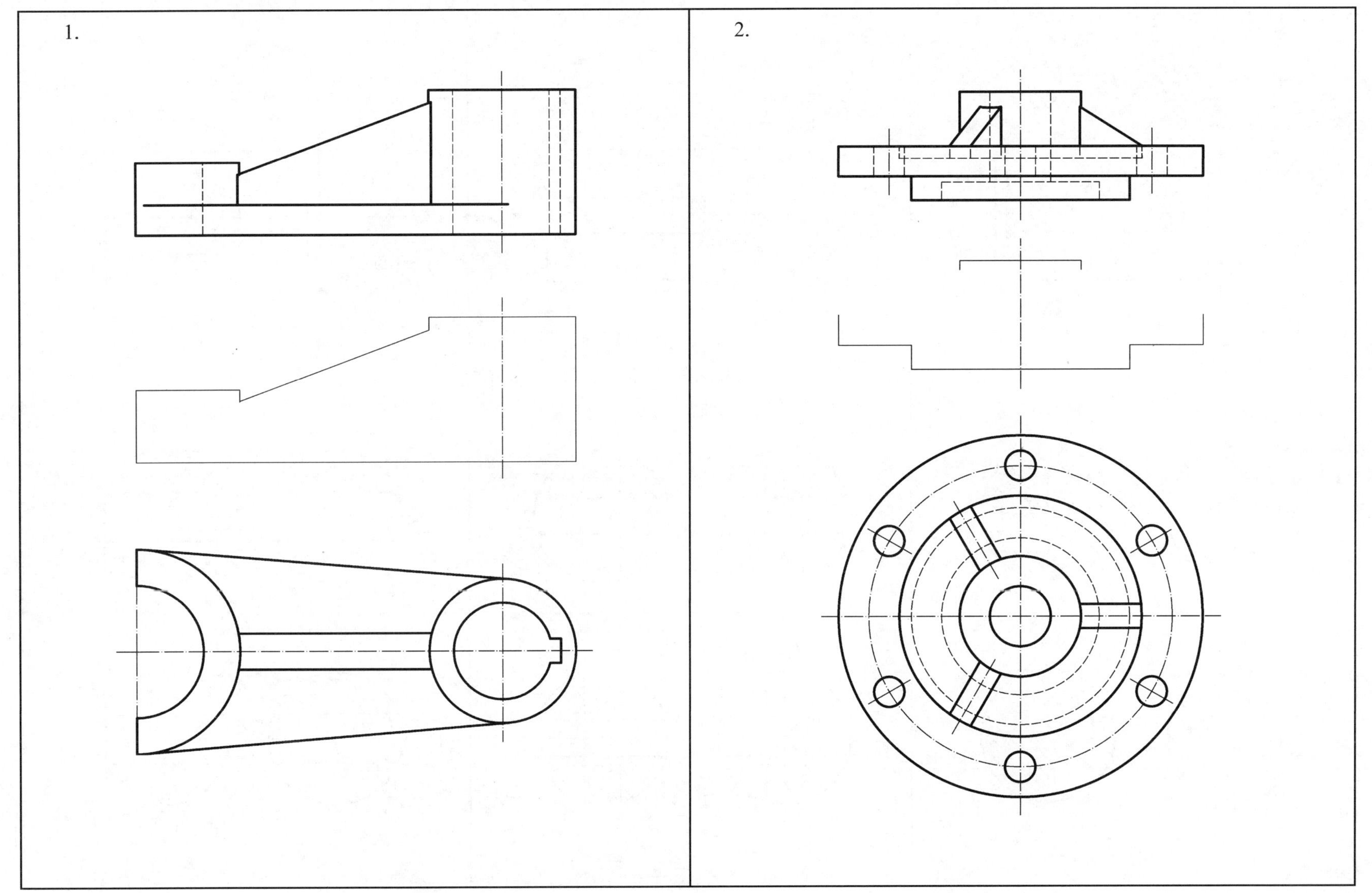

班级　　　　姓名　　　　学号

5-23　找出正确的移出断面，在括号内画 √

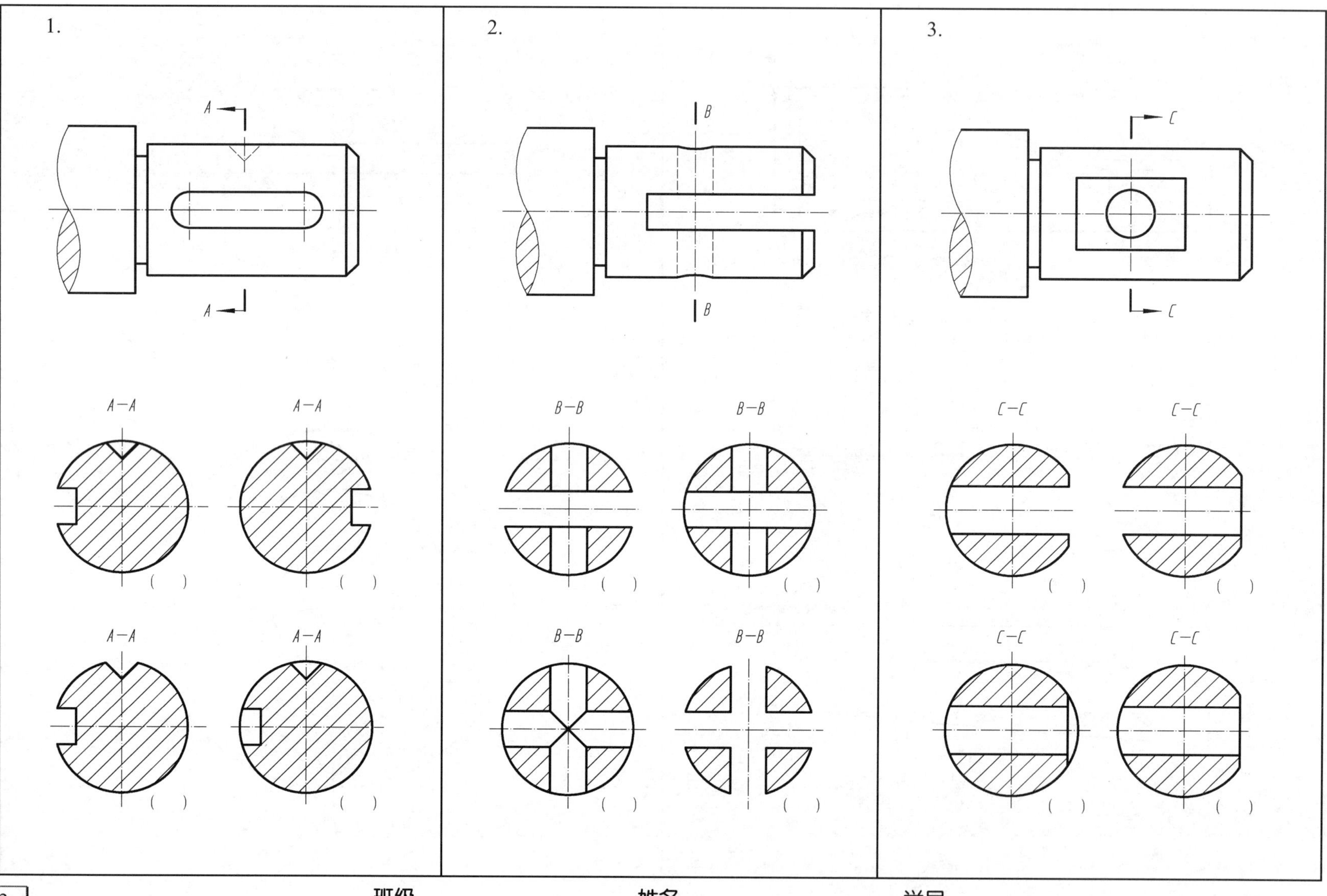

班级　　　　姓名　　　　学号

5-24　在指定位置画出移出断面图，尺寸按 1 ： 1 的比例从图中量取整数

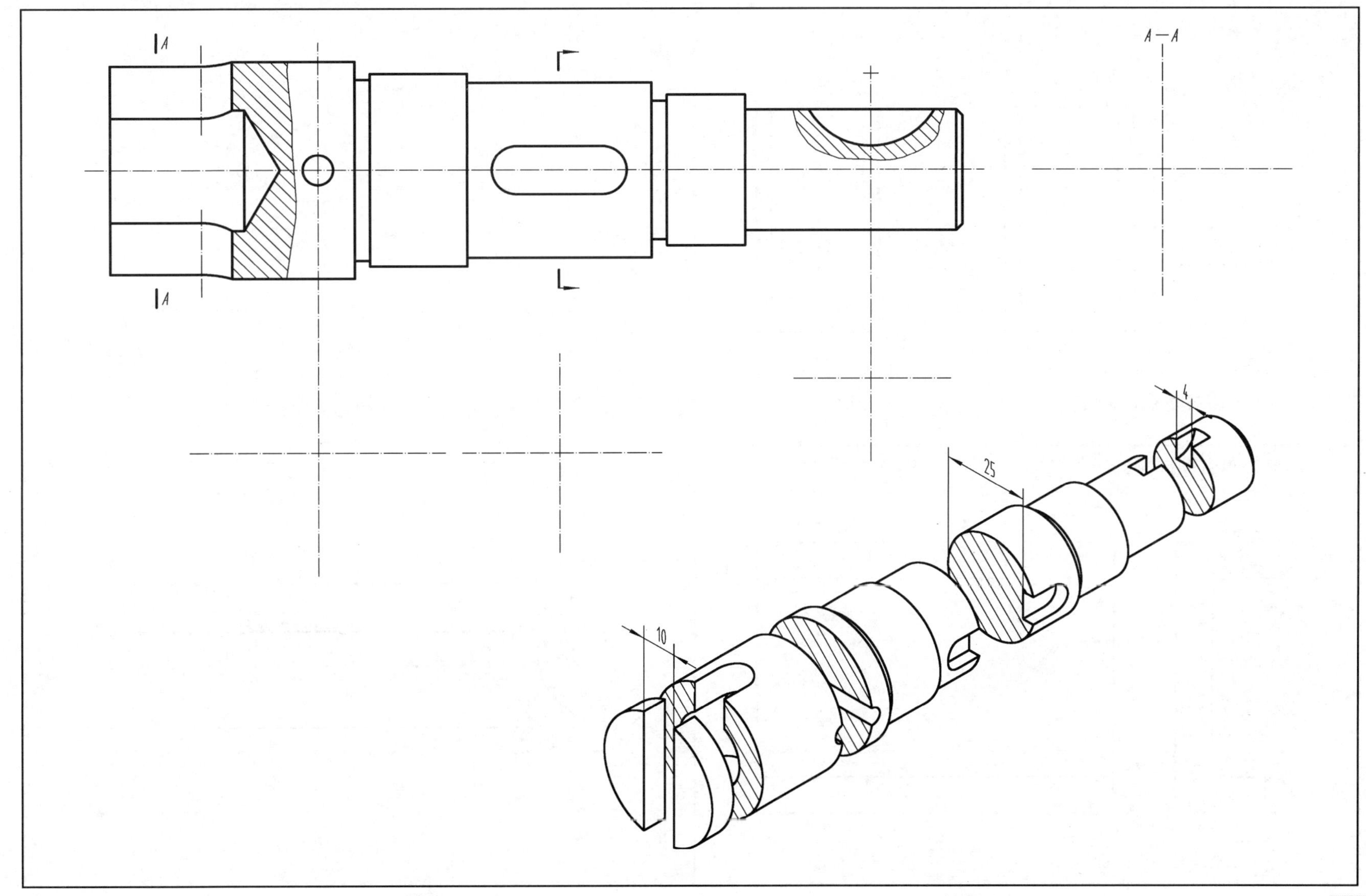

班级　　姓名　　学号

5-25 绘制断面图

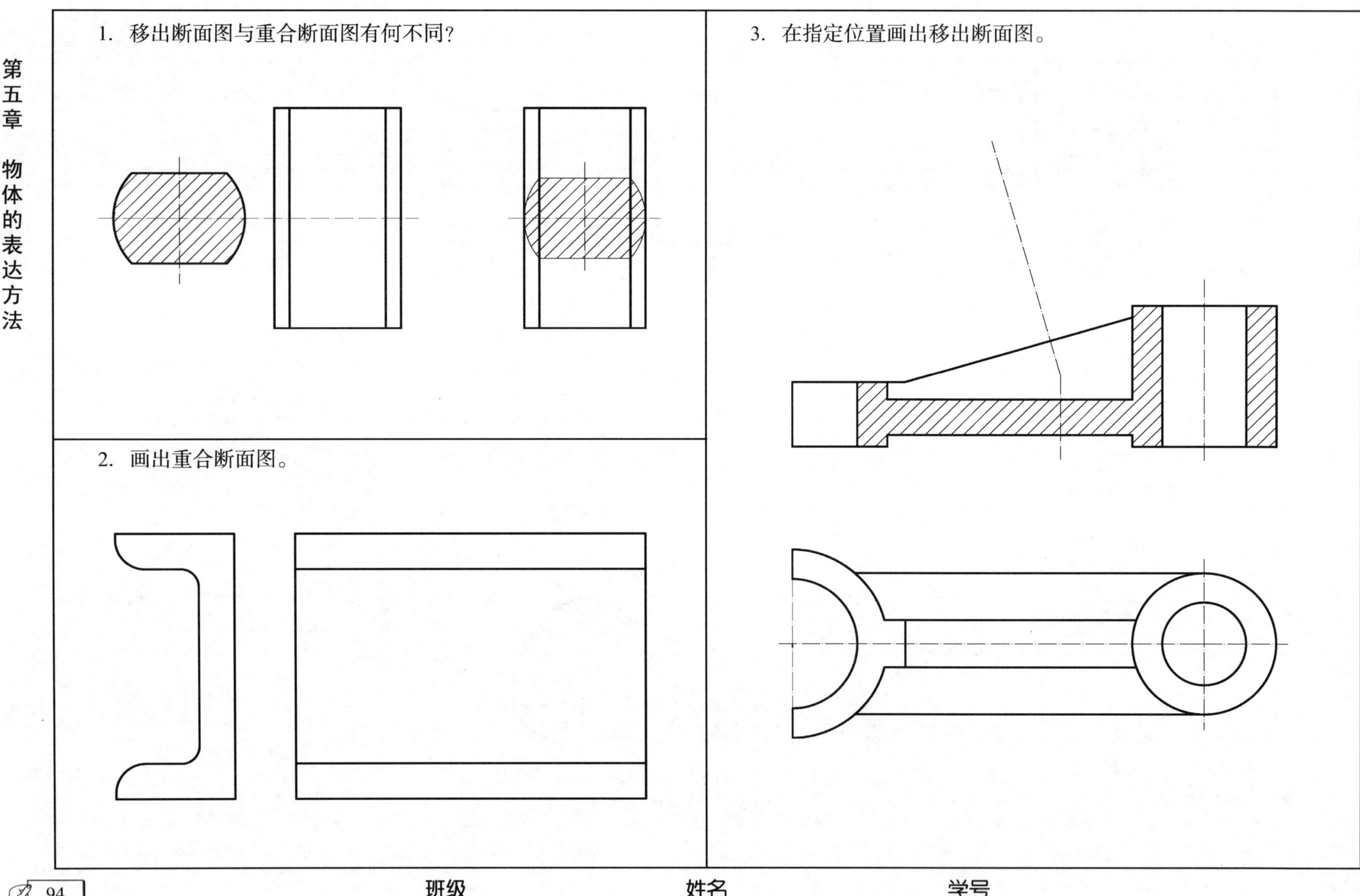

班级 姓名 学号

№4　表达方法练习作业指导书

一、目的

（1）训练选择物体表达方法的基本能力。

（2）进一步理解剖视的概念，掌握剖视图的画法。

二、内容与要求

（1）根据已知的两个视图，按 1 ：1 的比例画出立体的三视图，并在主、左视图上选取适当剖视，不标注尺寸。

（2）自行确定比例及图纸幅面，铅笔描深。

三、注意事项

（1）应用形体分析法，看清物体的形状结构。首先考虑把主要结构表达清楚，对尚未表达清楚的结构可采用适当的方法（辅助视图、剖视等）或改变投射方向予以解决。可多考虑几种表达方案进行比较，从中确定最佳方案。

（2）剖视图应直接画出，而不是先画成视图，再将视图改成剖视图。

（3）要注意剖视图的标注。分清哪些剖切位置可以不标注，哪些剖切位置必须标注。

（4）要特别注意局部剖视图中波浪线的画法。

（5）各视图中剖面线的方向和间隔应保持一致。

（6）应用形体分析法标注尺寸，确保所注尺寸既不遗漏，也不重复。

四、图例（见右图）

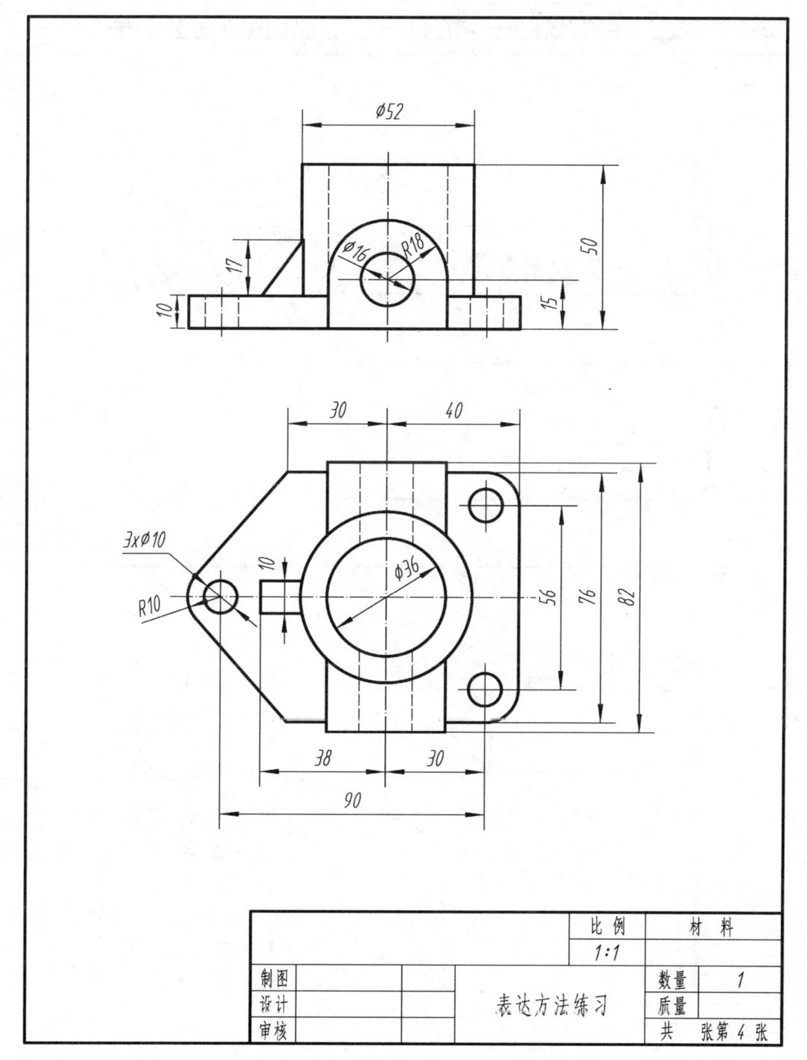

班级　　姓名　　学号

第六章　螺纹、齿轮及常用的标准件

6-1　找出下列螺纹画法中的错误，在指定位置画出正确的图形

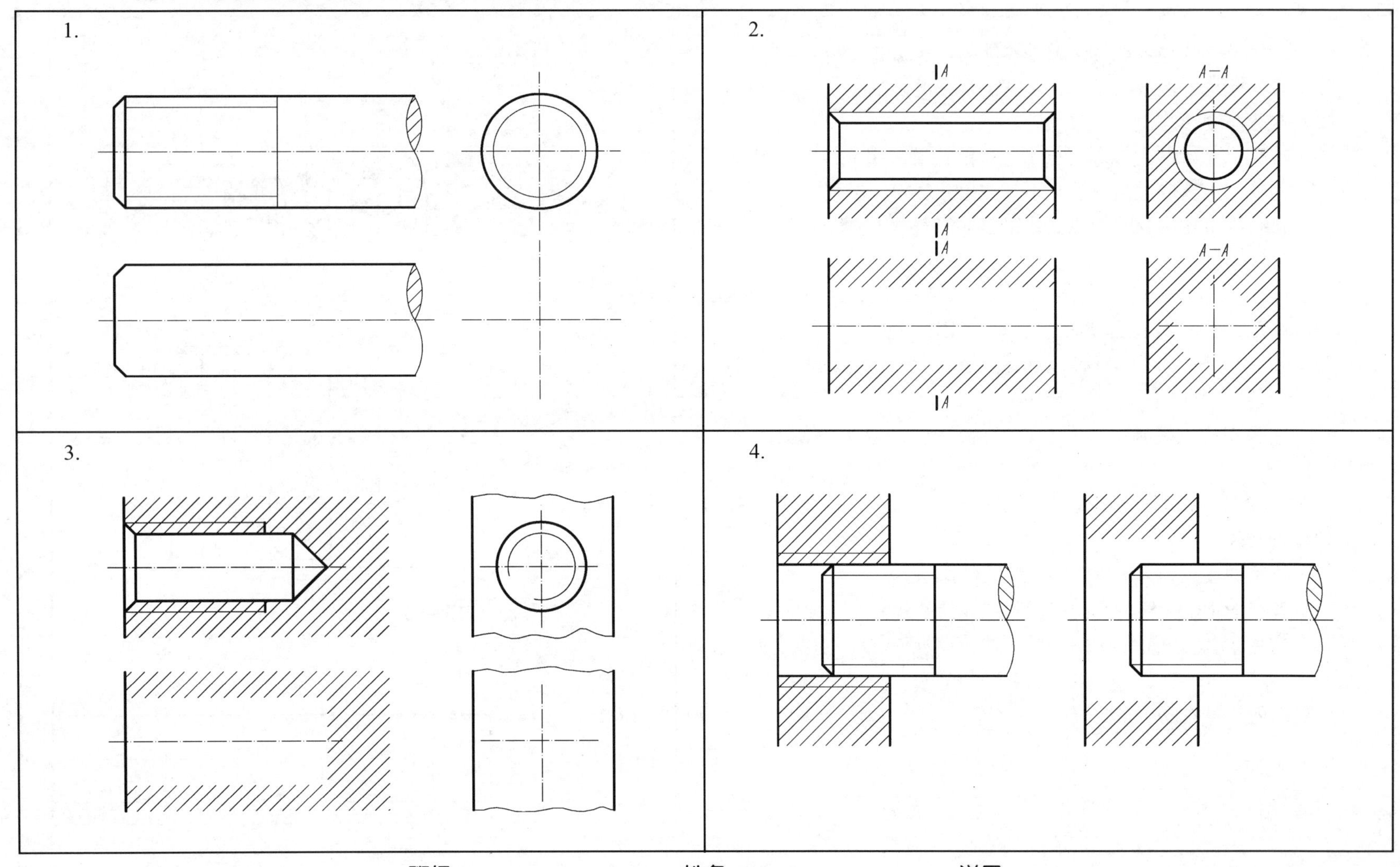

班级　　　　　　　　姓名　　　　　　　　学号

6-2 按给定的尺寸，根据螺纹规定画法绘出螺纹

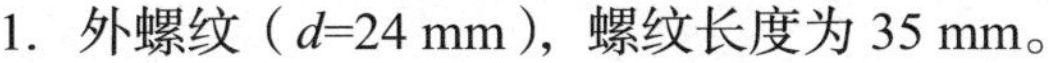

1. 外螺纹（d=24 mm），螺纹长度为 35 mm。

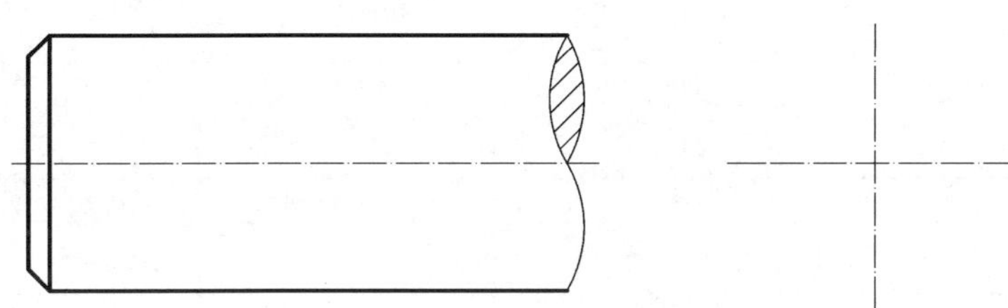

2. 螺纹通孔（D=16 mm），两端孔口倒角 C1.5。

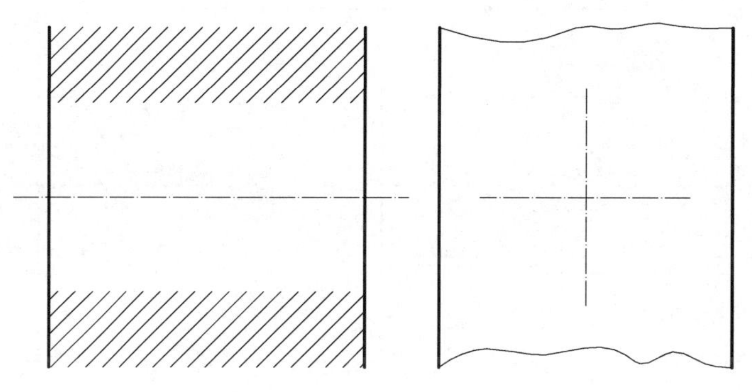

3. 螺纹不通孔（D=16 mm），钻孔深度 30 mm，螺纹深度 24 mm，孔口倒角 C1.5（钻孔底部的画法，参见教材图 6-8）。

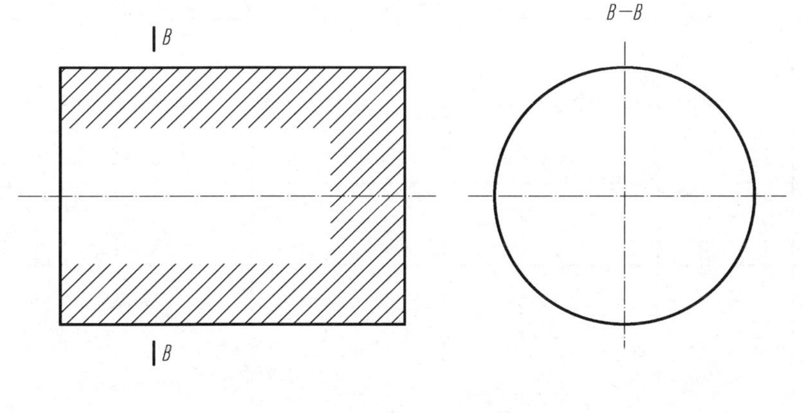

4. 按螺纹连接的规定画法完成下列图形。

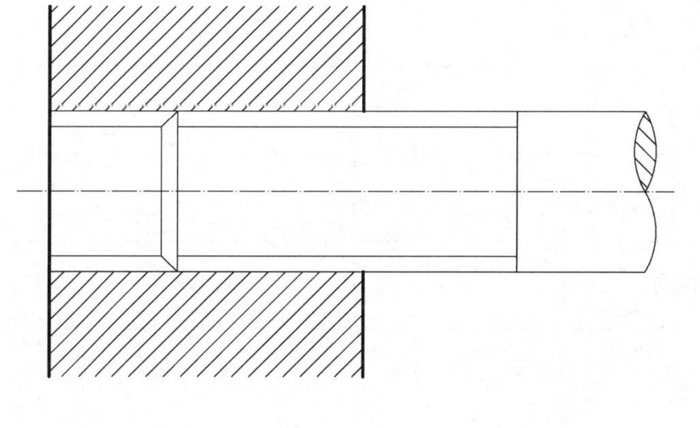

6-3 根据给定的螺纹标记，查教材附表 1、附表 2 填写下列内容

内容 标记	螺纹种类	内、外螺纹	大径	小径	导程	螺距	公差带		旋合长度	旋向
							中径	顶径		
例 M20-6g	粗牙普通螺纹	外螺纹	20	17.294	2.5	2.5	6g	6g	中等	右
M10 × 1-6h										
M16-6g-LH										
M20 × 2-5H-S										
M24-6H										
M30-7g6g-L										
M8 × 1-7H-LH										
Rc2½-LH										
Rp4										
R1¾-LH										
G1¼A										
G1¼-LH										

班级　　　　姓名　　　　学号

6-4 标注螺纹代号

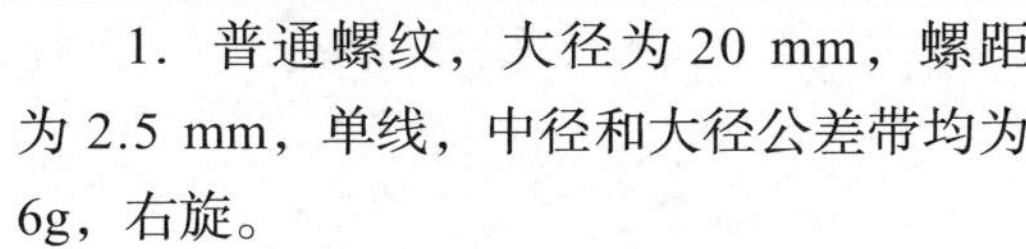

1. 普通螺纹，大径为 20 mm，螺距为 2.5 mm，单线，中径和大径公差带均为 6g，右旋。

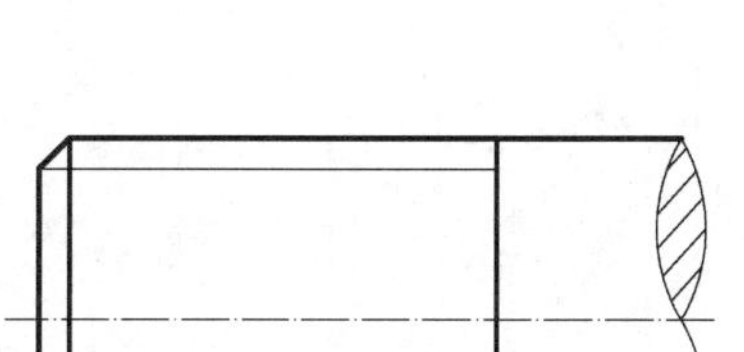

2. 普通螺纹，大径为 24 mm，螺距为 3 mm，单线，中径和小径公差带均为 6H，右旋。

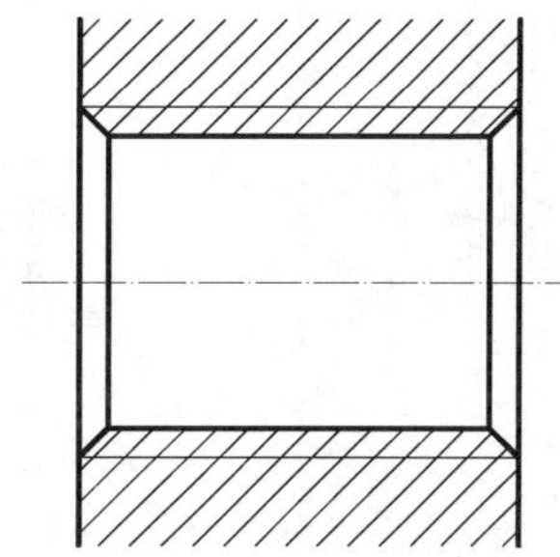

3. 普通螺纹，大径为 16 mm，螺距为 2 mm，单线，中径和大径公差带均为 6g，左旋。

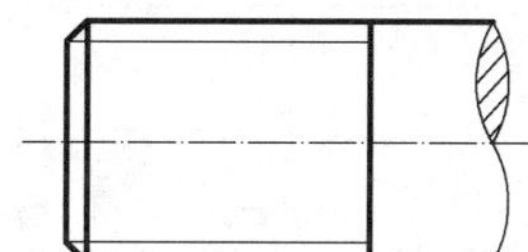

4. 55º 非密封管螺纹，尺寸代号为 3/4，公差带等级为 A 级，右旋。

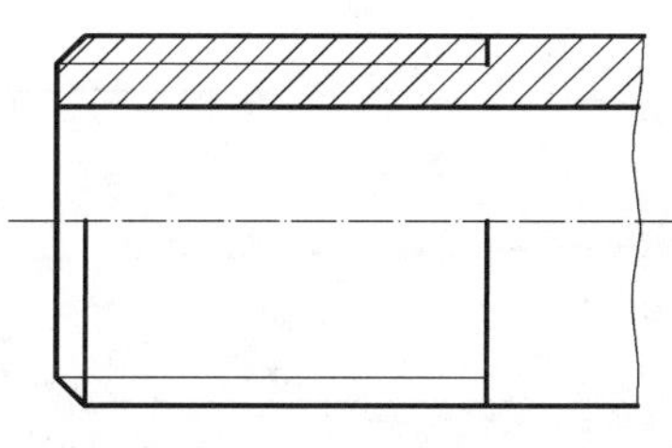

5. 55º 密封圆锥内管螺纹，尺寸代号为 3/4，右旋。

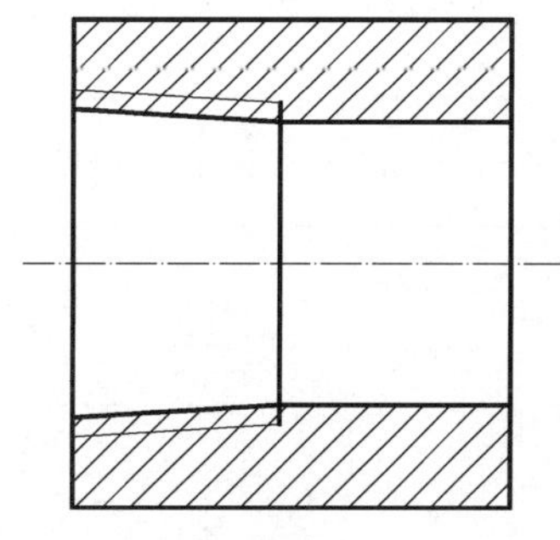

6. 与圆锥内螺纹相配合的 55º 密封的圆锥外管螺纹，尺寸代号为 3/4，左旋。

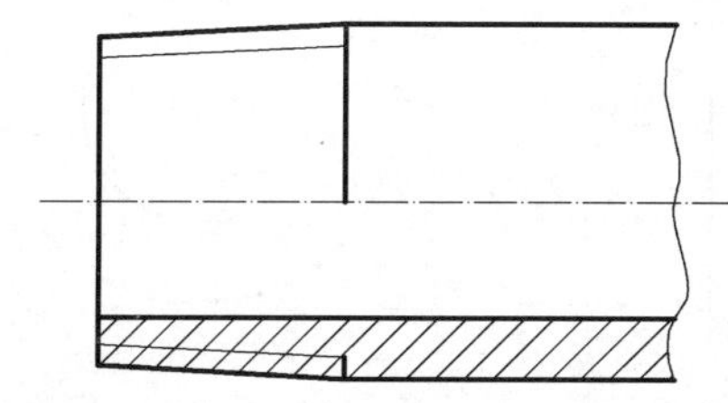

班级　　姓名　　学号

6-5　查表确定下列各标准件的尺寸，并写出规定标记

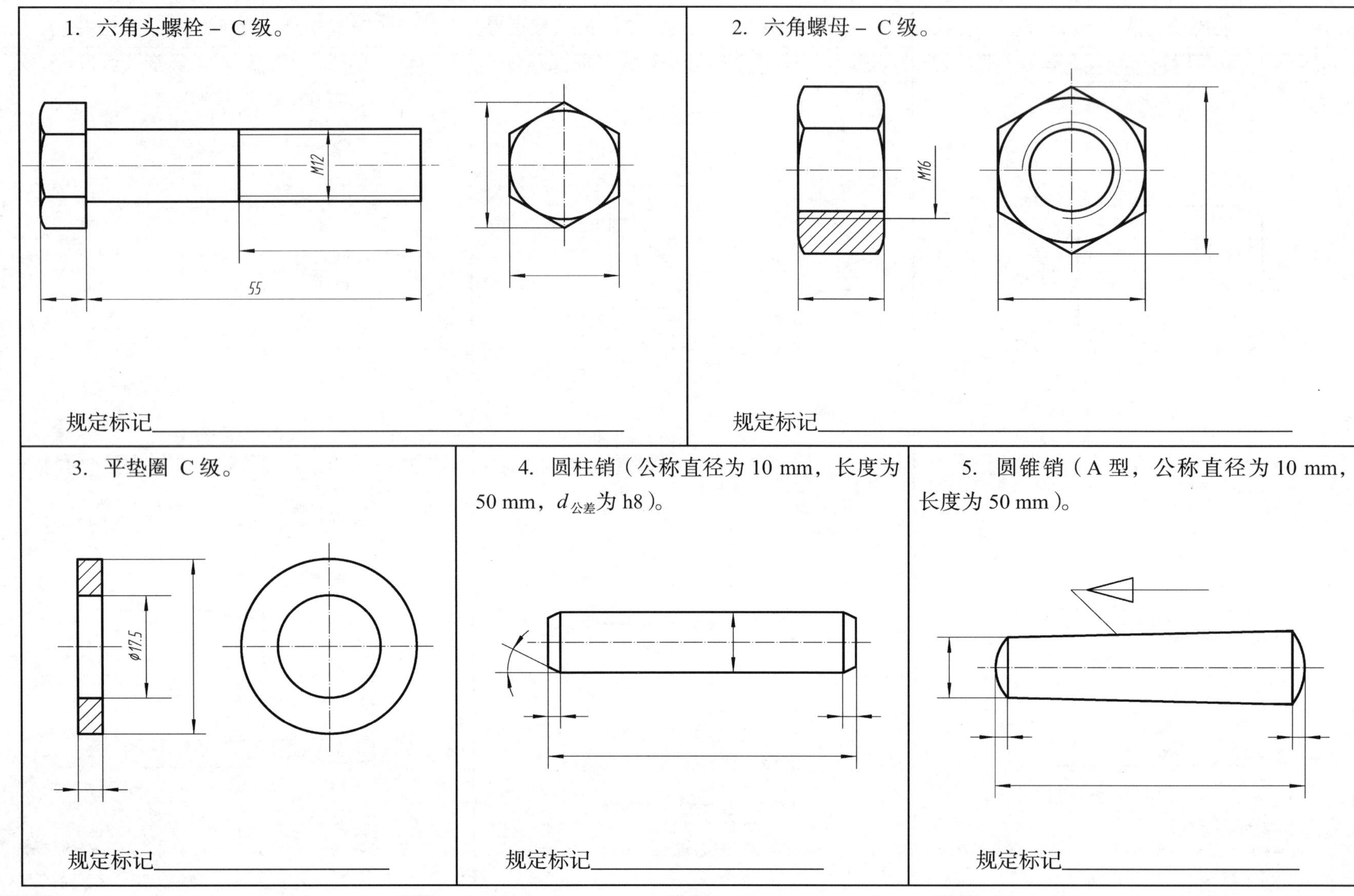

班级　　姓名　　学号

6-6 螺栓连接

1. 徒手圈出螺栓连接三视图中的错误。

2. 按简化画法完成螺栓及螺栓连接的全剖视图（螺栓规格按1 ：1的比例由图中量得）。

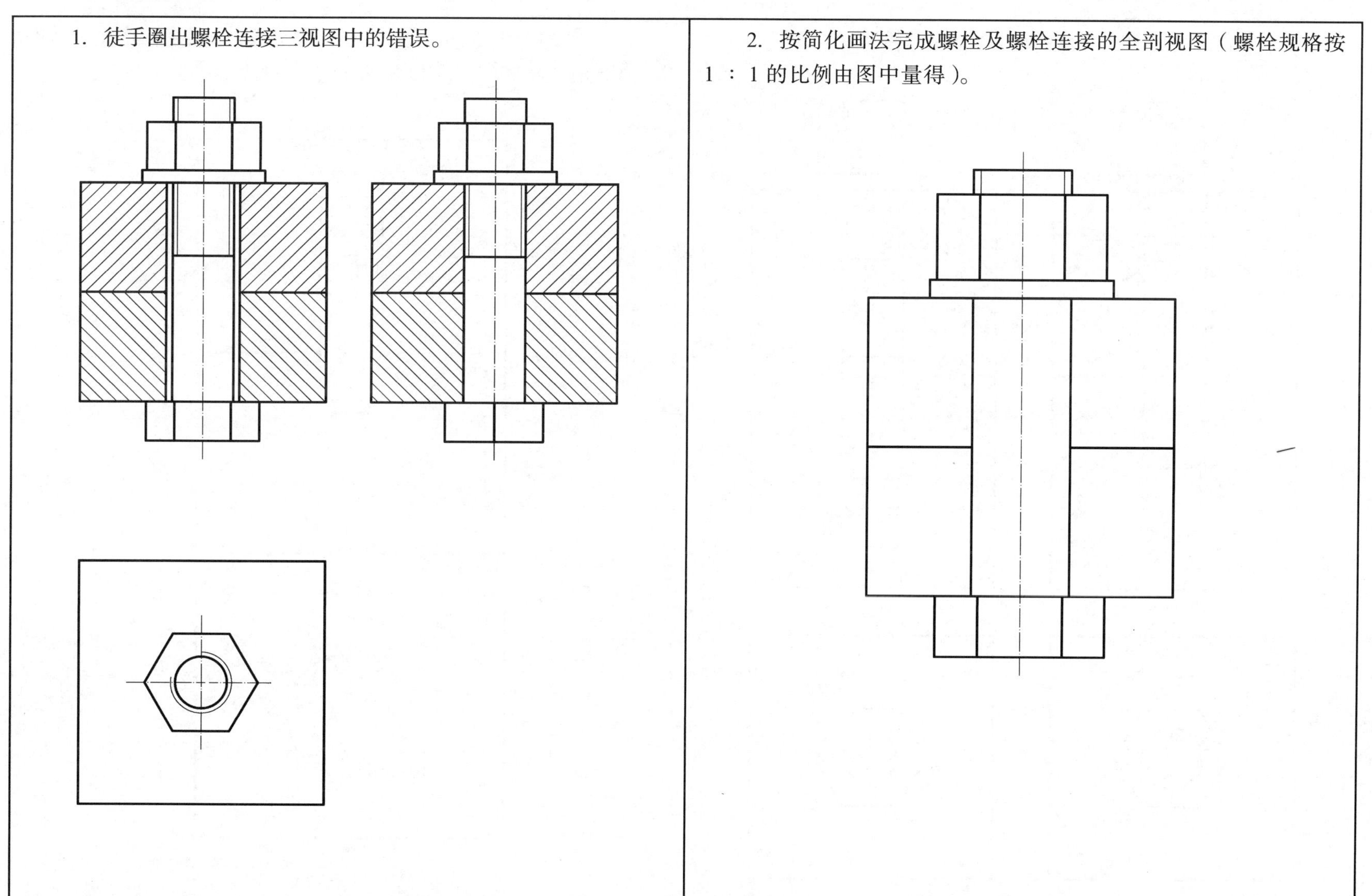

班级　　　　姓名　　　　学号

1. 对比下面两组图形，徒手圈出右图中的错误。

2. 参照教材图 6-13，按简化画法完成螺钉连接的两个视图。其中主视图画成全剖视（螺孔深 15 mm），俯视图为外形视图。

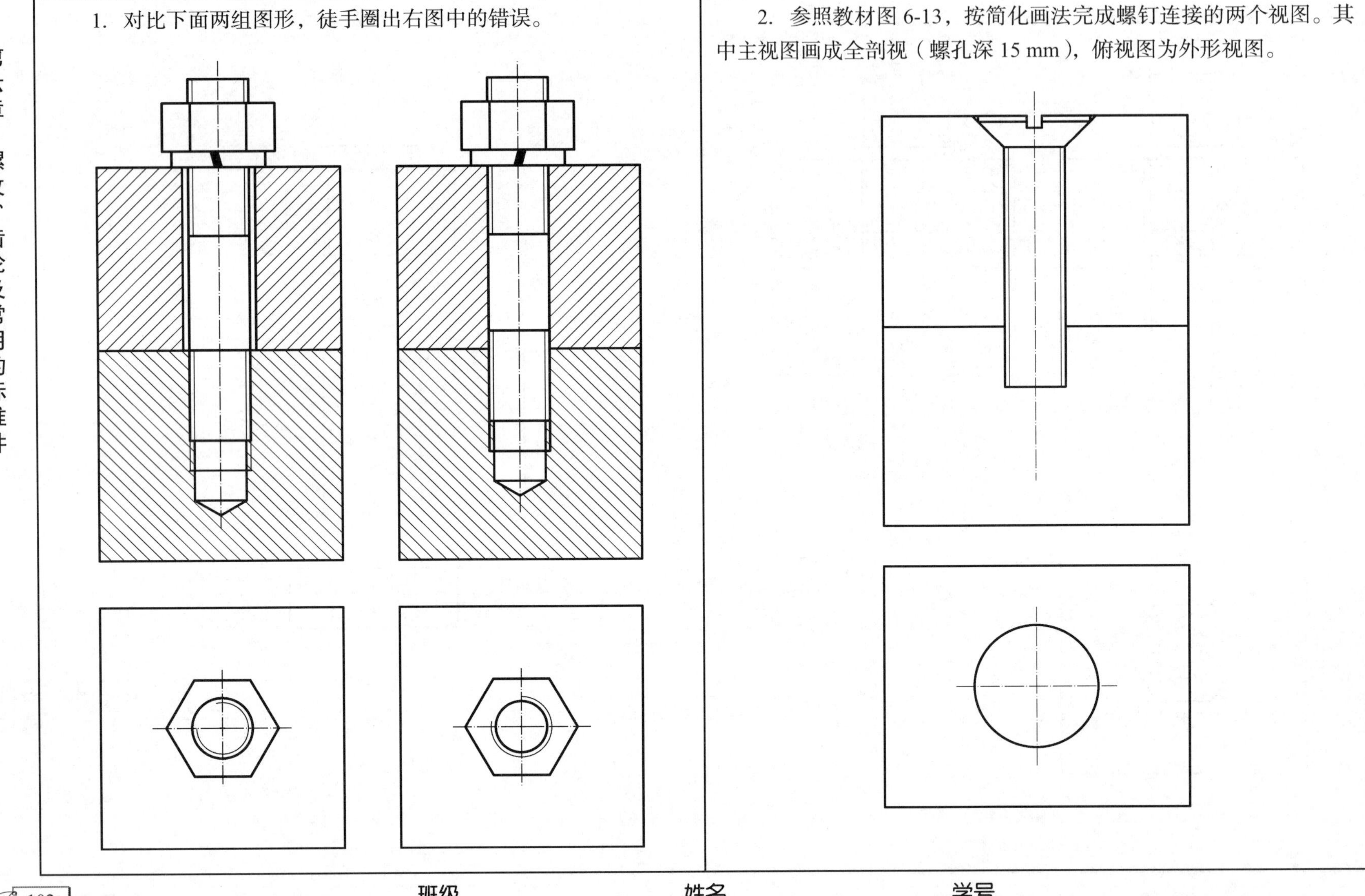

班级 姓名 学号

6-8 画直齿轮零件图并注全尺寸（比例 1 ∶ 1，轮齿部分根据计算确定，其他尺寸由图中量取整数；轮齿端部倒角为 $C2$）

模 数 m	3
齿 数 z	34
压力角 α	20°

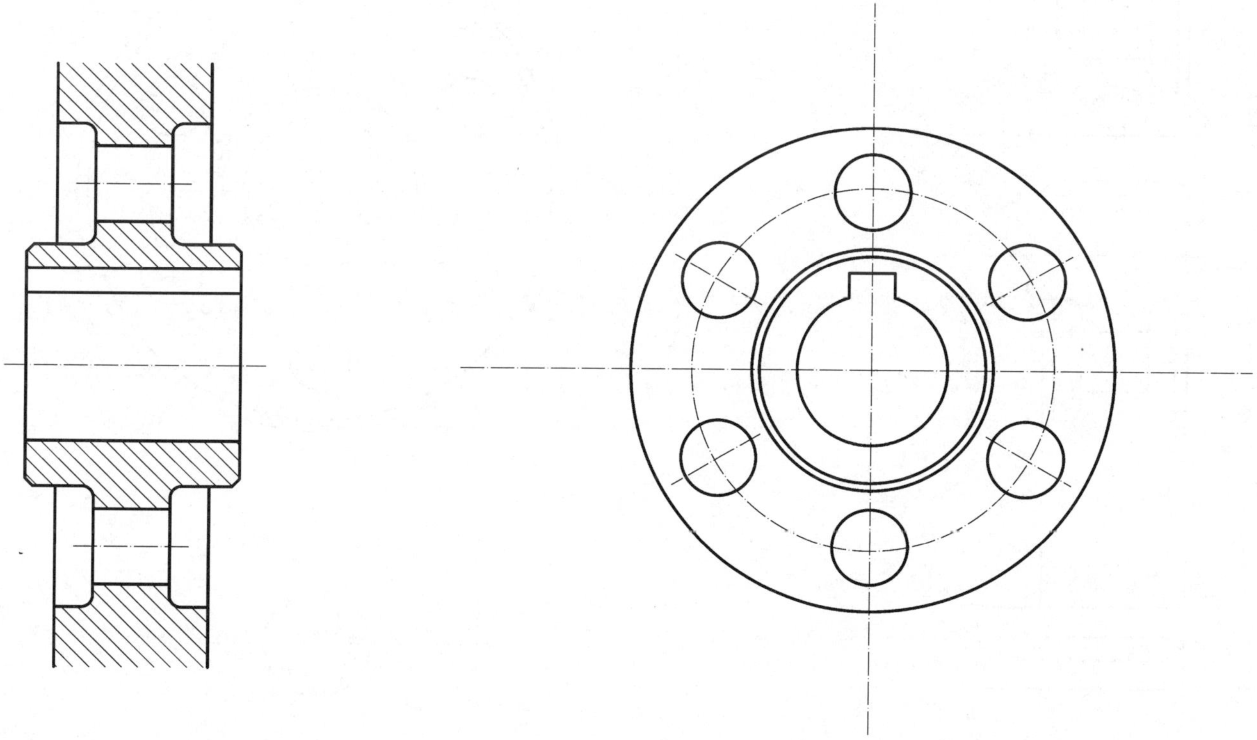

班级 姓名 学号

6-9　已知大齿轮 m=2，z=40，两齿轮中心距 a=60，试计算大、小齿轮的公称尺寸，按 1 ：1 的比例完成齿轮啮合图

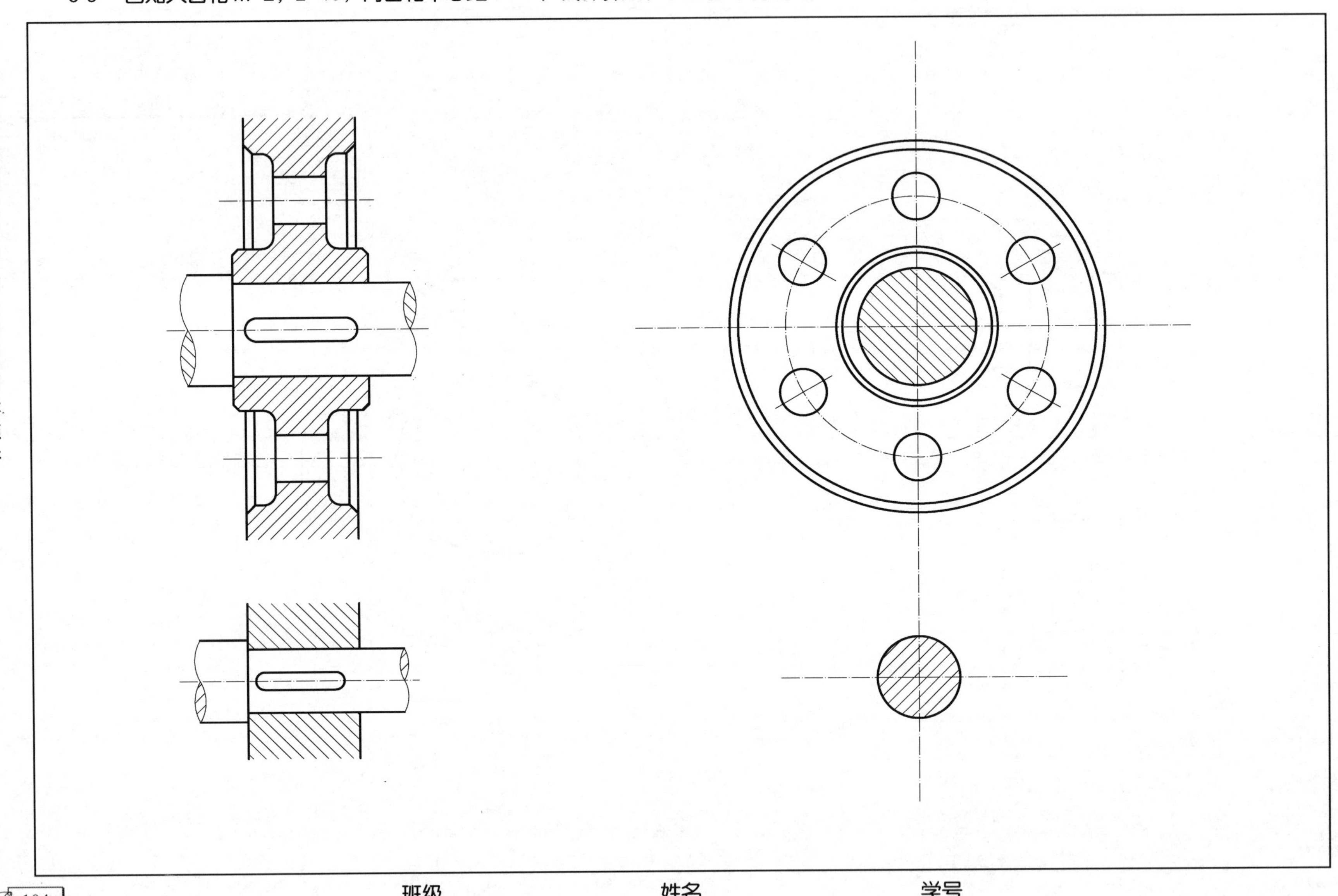

班级　　　　姓名　　　　学号

用 A 型普通平键连接轴和齿轮。已知：轴、孔直径为 25，键的长度为 25。

（1）查表确定键和键槽的尺寸，按 1 : 1 的比例完成轴和齿轮的图形，并标注键槽尺寸。

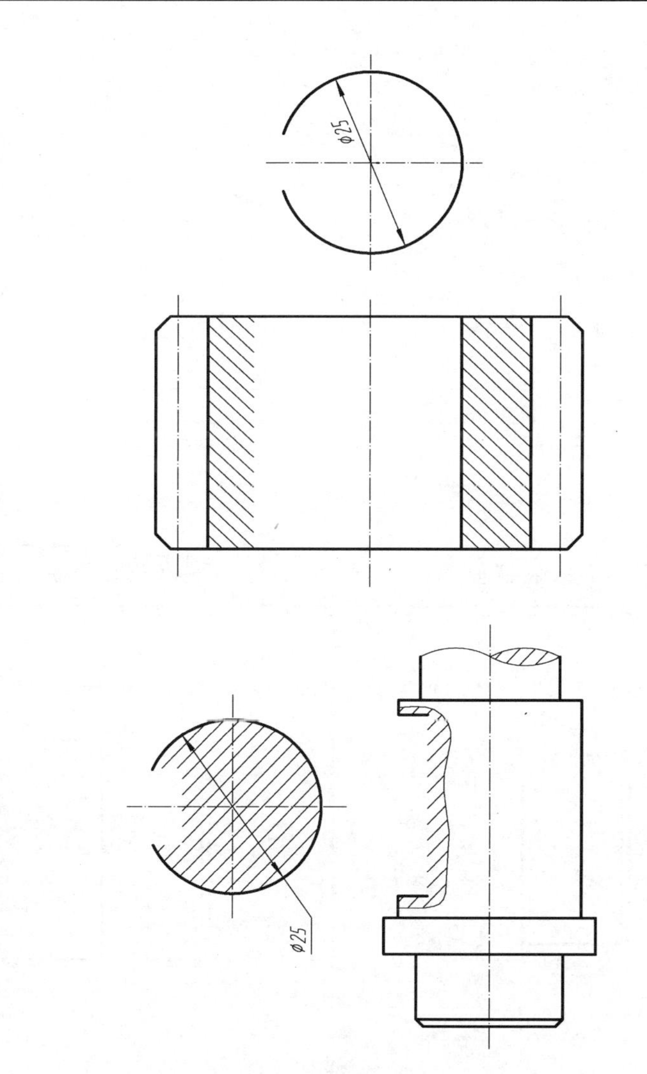

（2）写出键的规定标记______________

（3）用键将轴和齿轮连接起来，补全其图形。

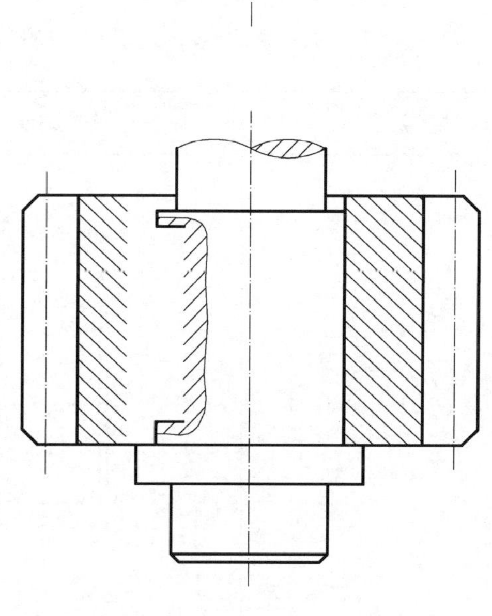

1. 补画销连接的剖视图（B 型圆柱销、直径为 10 mm、长度为 50 mm）。

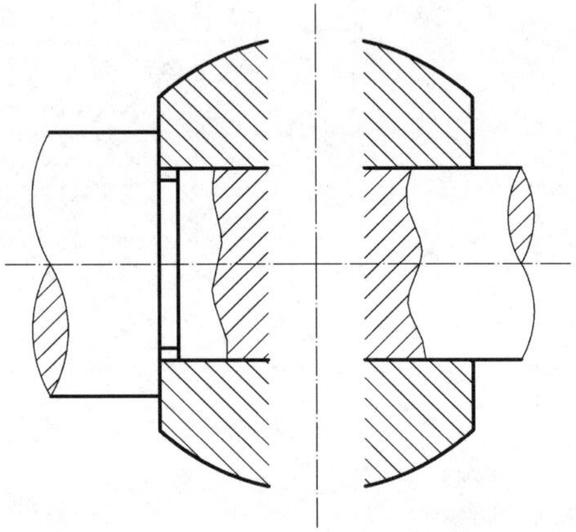

2. 解释下列滚动轴承代号的含义。

6215：

内　　径＿＿＿＿＿＿＿＿

尺寸系列＿＿＿＿＿＿＿＿

轴承类型＿＿＿＿＿＿＿＿

30308：

内　　径＿＿＿＿＿＿＿＿

尺寸系列＿＿＿＿＿＿＿＿

轴承类型＿＿＿＿＿＿＿＿

型号	用“通用画法”画出	用“特征画法”画出	用“规定画法”画出
滚动轴承 6305 GB/T 276	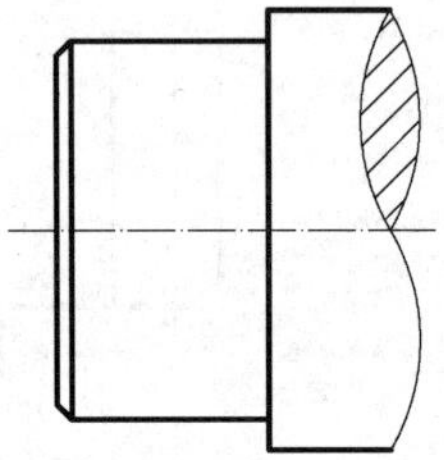	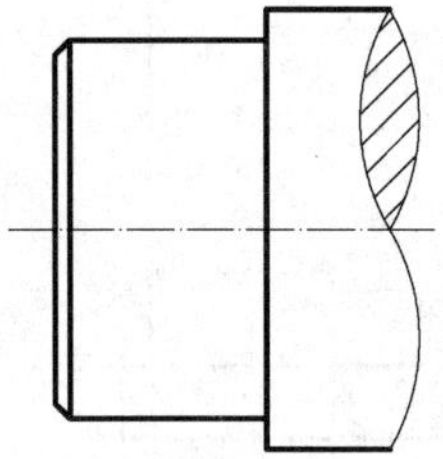	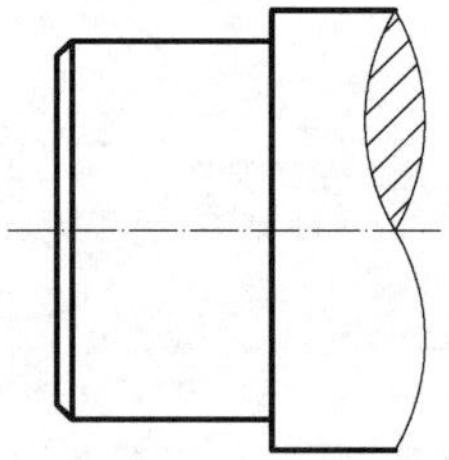

班级　　　　姓名　　　　学号

第七章　零　件　图

7-1　根据零件的轴测图，正确选择零件的表达方案（可徒手画出零件图，不注尺寸）

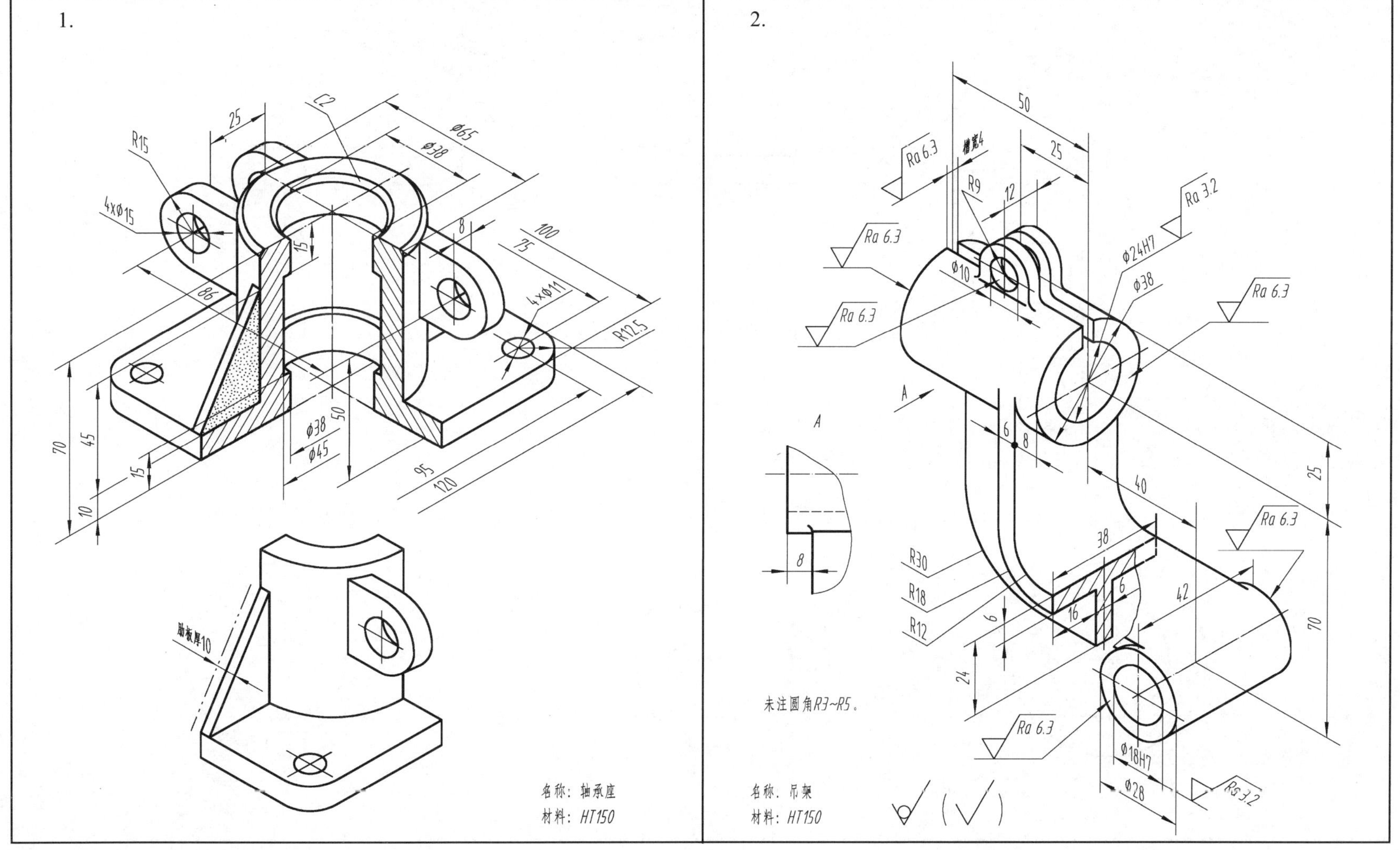

班级　　　　姓名　　　　学号

7-2　选择尺寸基准，标注零件尺寸（尺寸数值由图中量取整数）

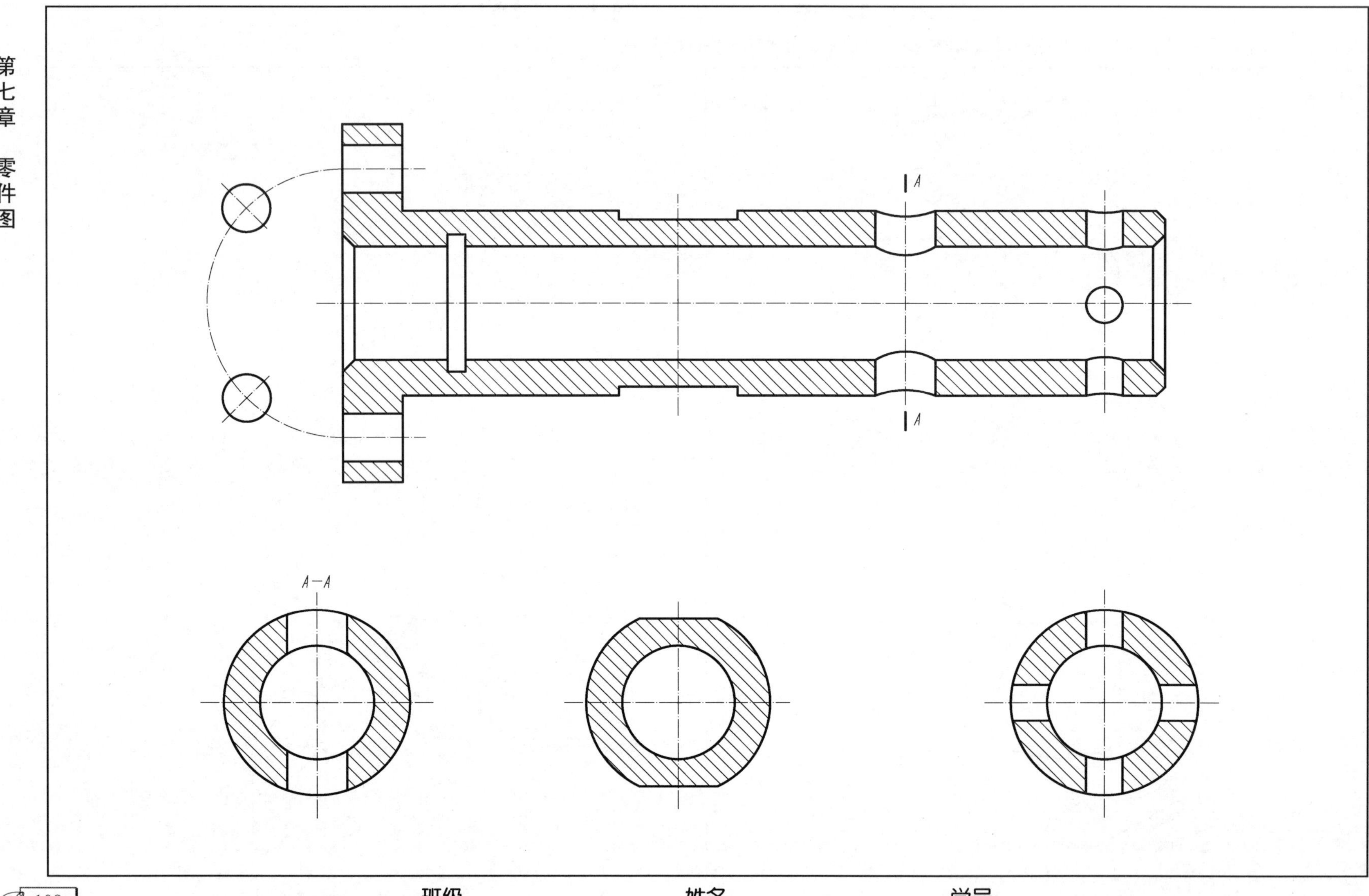

班级　　　　姓名　　　　学号

1. 找出表面粗糙度标注的错误，按正确的注法标在下图中。

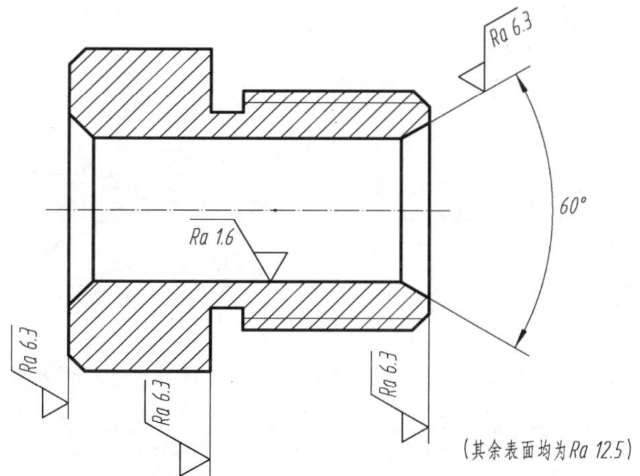

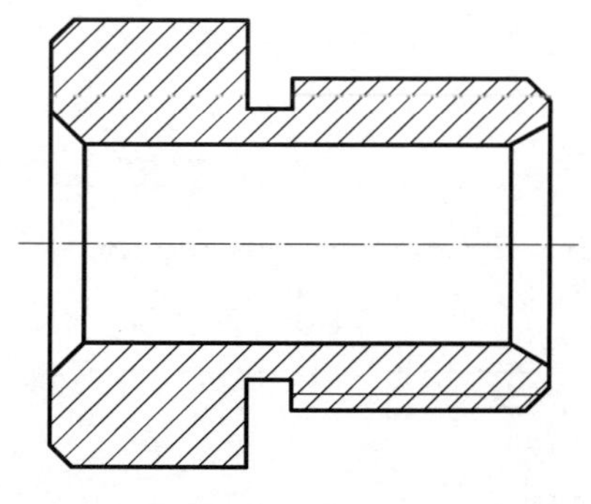

2. 在图中标注尺寸（按 1 ： 1 的比例从图中量取尺寸数值，取整数），按表中给出的 *Ra* 数值标注表面粗糙度。

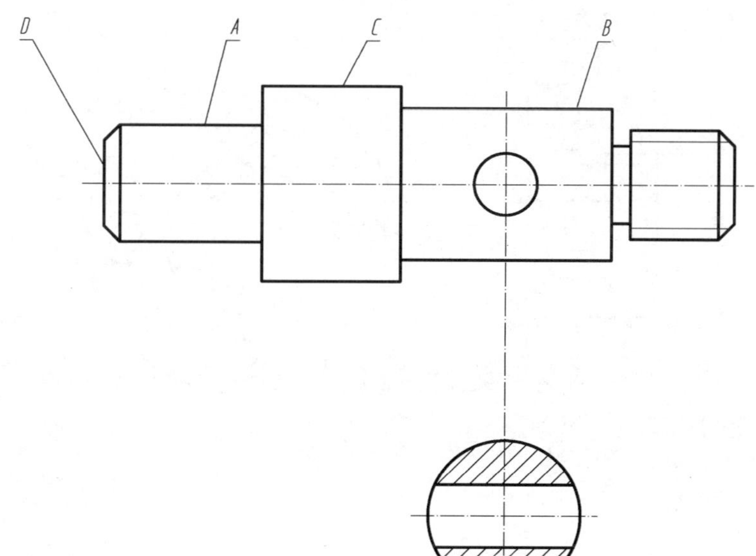

表面	A	B	C	D	其余
Ra	6.3	12.5	3.2	6.3	25

7-4 在图中标注尺寸（按 1 ： 1 的比例从图中量取尺寸数值，取整数），按表中给出的 *Ra* 数值标注表面粗糙度

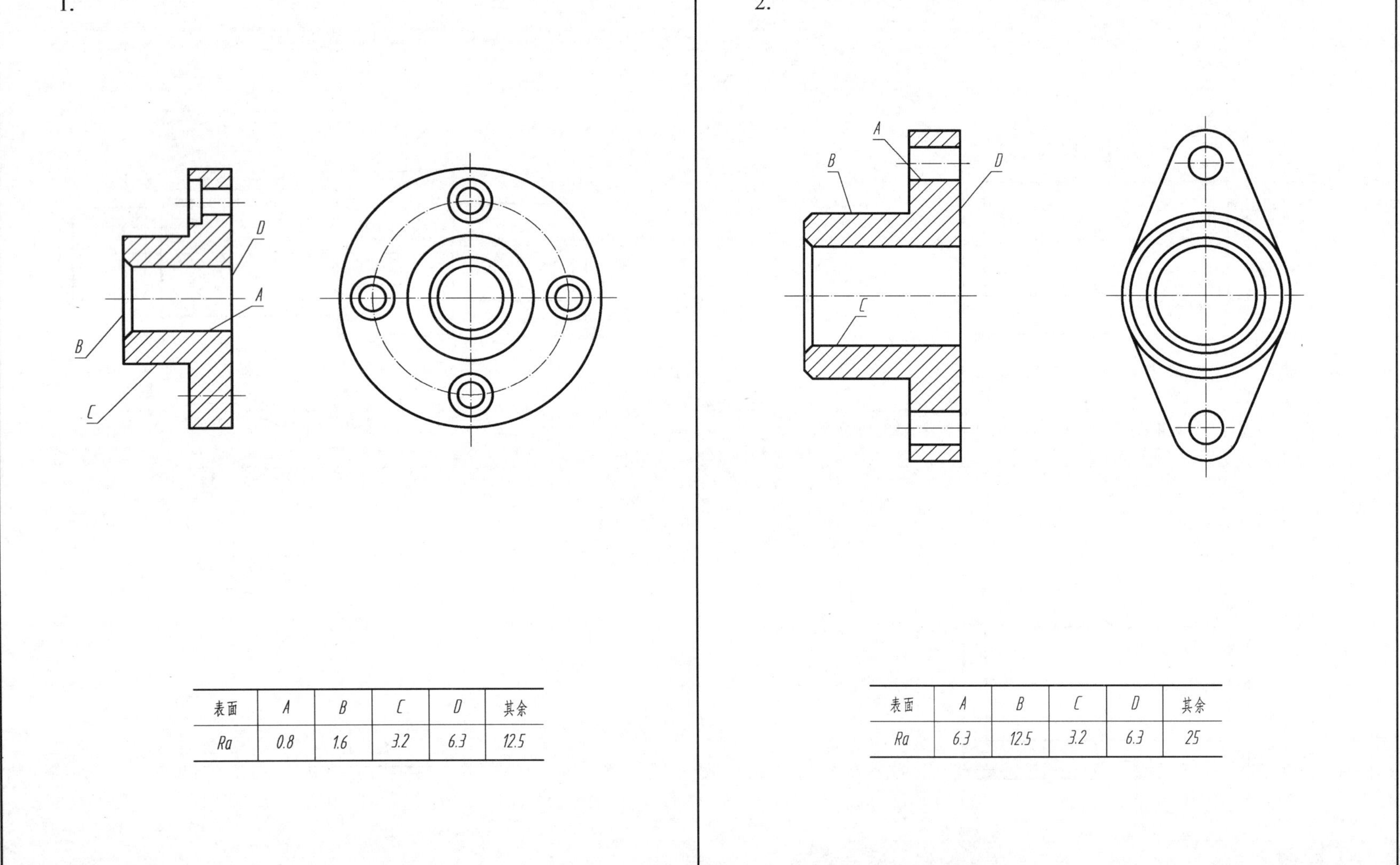

1.

表面	A	B	C	D	其余
Ra	0.8	1.6	3.2	6.3	12.5

2.

表面	A	B	C	D	其余
Ra	6.3	12.5	3.2	6.3	25

班级 姓名 学号

7-5 解释配合代号的含义，并查出极限偏差数值，标注在零件图上

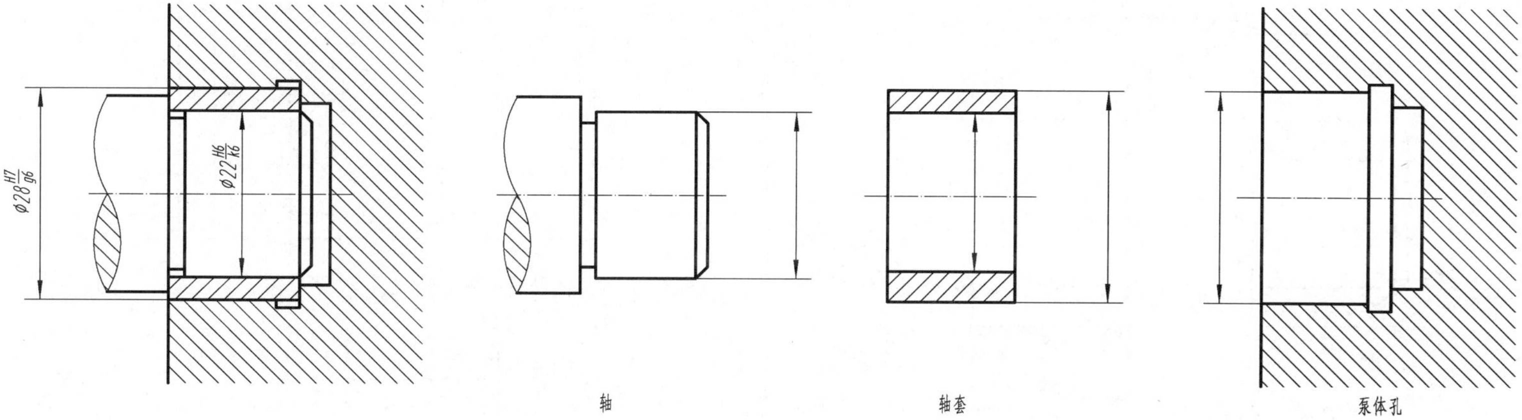

$\phi 28\frac{H7}{g6}$ $\phi 22\frac{H6}{k6}$

轴　　轴套　　泵体孔

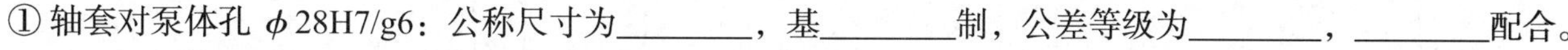
① 轴套对泵体孔 ϕ28H7/g6：公称尺寸为________，基________制，公差等级为________，________配合。

② 轴套的上极限偏差为________，下极限偏差为________；泵体的上极限偏差为________，下极限偏差为________。

③ 轴套对轴径 ϕ22H6/k6：公称尺寸为________，基________制，公差等级为________，________配合。

④ 轴套的上极限偏差为________，下极限偏差为________；轴径的上极限偏差为________，下极限偏差为________。

班级　　　　姓名　　　　学号

7-6 根据孔和轴的极限偏差值，查表确定其配合代号后分别注出，并解释配合代号的含义（填空）

1.

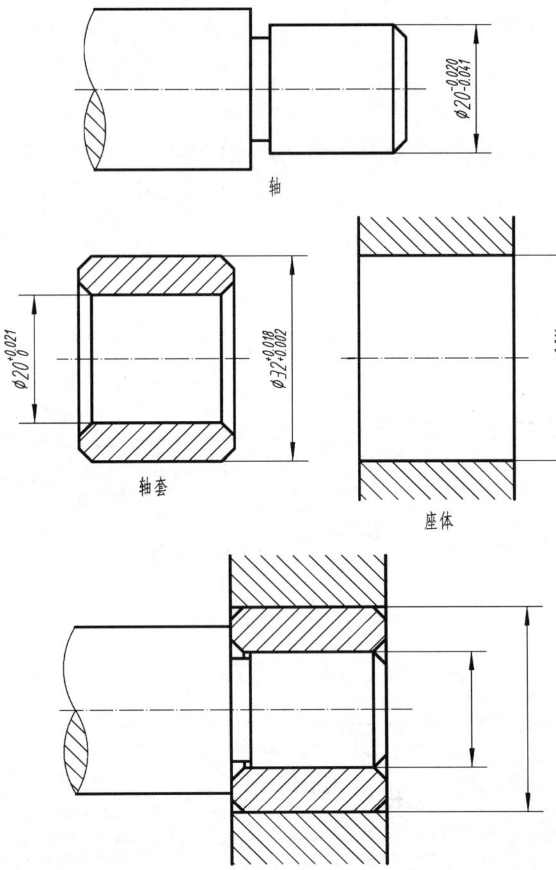

$\phi 20^{-0.020}_{-0.041}$
轴
$\phi 20^{+0.021}_{0}$
$\phi 32^{+0.018}_{+0.002}$
轴套
$\phi 32^{+0.016}_{0}$
座体

① 轴与轴套，属于基________制________配合。

② 轴套与座体，属于基________制________配合。

2.

$\phi 25^{+0.015}_{+0.002}$
轴
$\phi 52 \pm 0.015$
座体
$\phi 52^{0}_{-0.013}$
$\phi 25^{+0.021}_{0}$
滚动轴承

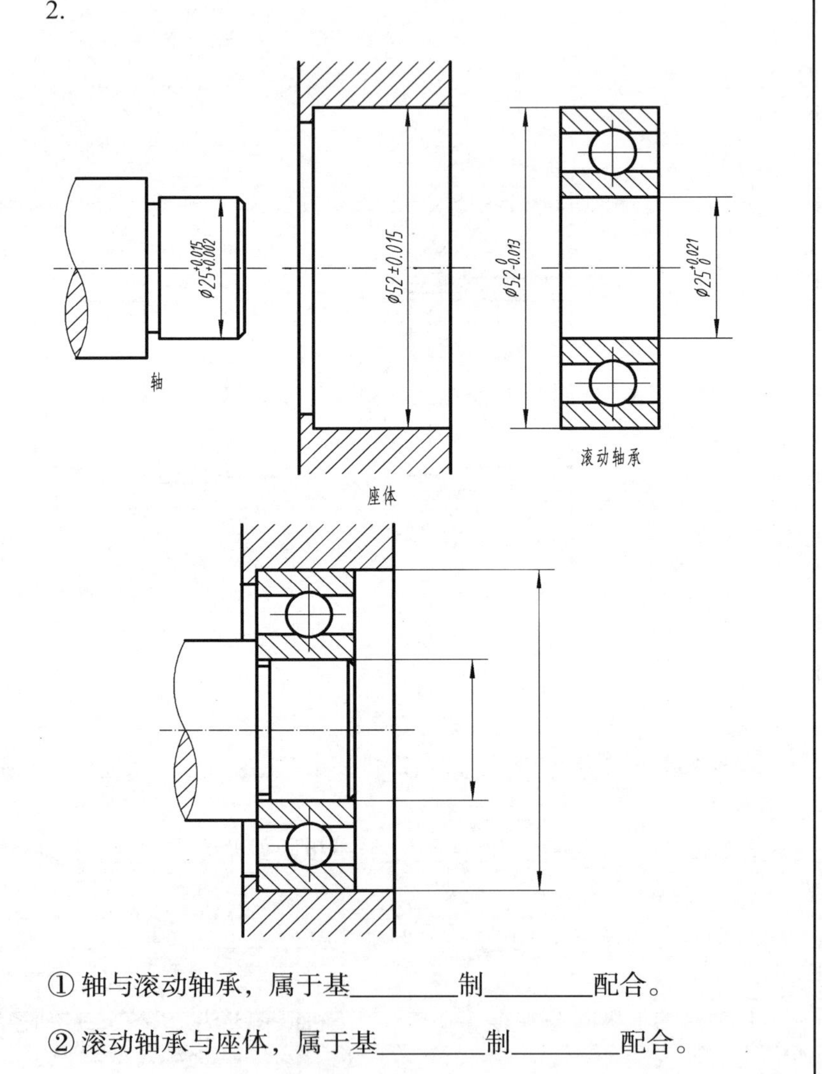

① 轴与滚动轴承，属于基________制________配合。

② 滚动轴承与座体，属于基________制________配合。

7-7　用 A4 图纸、按 1 ： 1 的比例抄画阀体零件图，标注尺寸和技术要求

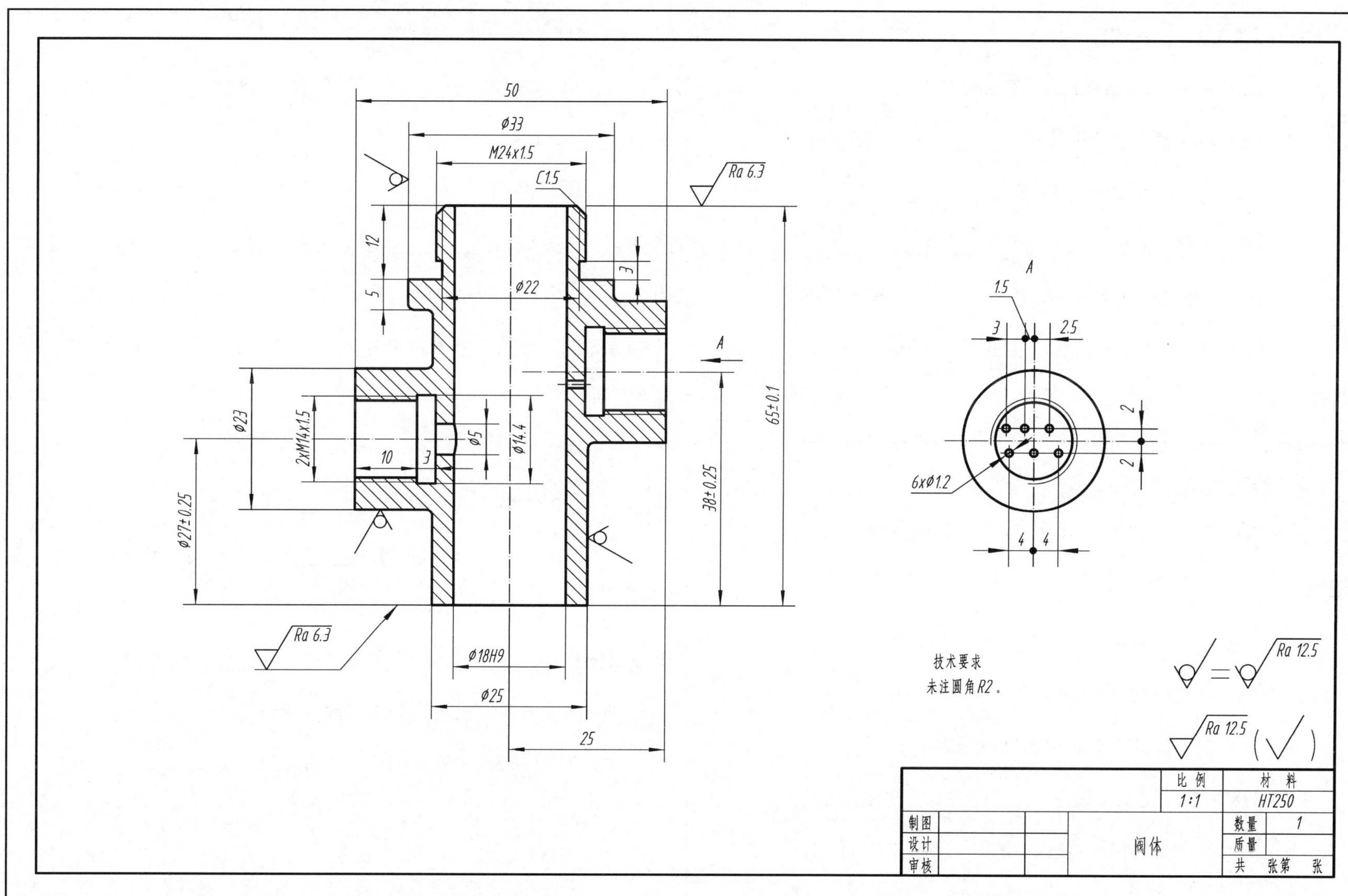

班级　　姓名　　学号

7-8 阅读零件图，回答问题

1. 阅读7-9，回答问题。

（1）画出 *B*—*B* 断面图和 *C* 向局部视图。

（2）该零件的表面粗糙度共有________级要求。

（3）要求最光滑的表面其 *Ra* 值为________。

（4）要求最粗糙的表面其 *Ra* 值为________。

（5）ϕ28js6 轴段的下极限偏差为________，上极限偏差为________。

（6）指出零件径向和轴向的主要尺寸基准，用箭头指明引出标注。

2. 阅读7-10，回答问题。

（1）在指定位置画出右视图（尺寸从图中量取，不注尺寸，不画细虚线）。

（2）该零件的表面粗糙度共有________级要求。

（3）要求最光滑表面的 *Ra* 值为________。

（4）要求最粗糙的表面其粗糙度代号为________。

（5）ϕ18H6 孔的上极限偏差为________，下极限偏差为________。

（6）指出零件径向尺寸基准，用箭头指明引出标注。

3. 阅读7-11，回答问题。

（1）该零件属于________类零件，材料________，绘图比例________。

（2）该零件图采用________个基本视图表达零件的结构和形状。主视图采用________剖视，表达轴的内部结构；此外采用________表达退刀槽结构；采用________，表达键槽处断面形状。

（3）指出径向尺寸基准和轴向主要尺寸基准，用箭头指明引出标注。

（4）键槽长度为________，宽度为________，长度方向定位尺寸为________，注出 $22^{0}_{-0.1}$ 是便于________。

（5）$\phi 26^{0}_{-0.013}$ 的上极限尺寸是________，下极限尺寸是________，公差为________。查教材附表，其公差带代号为________。$\phi 40^{0}_{-0.016}$ 的上极限偏差是________，下极限偏差是________，公差为________。

（6）该轴的表面粗糙度要求最高的 *Ra* 值为________。

（7）在图中指定位置画出 *C*—*C* 断面图。

班级　　姓名　　学号

7-9　阅读轴零件图，回答问题（7-8-1）

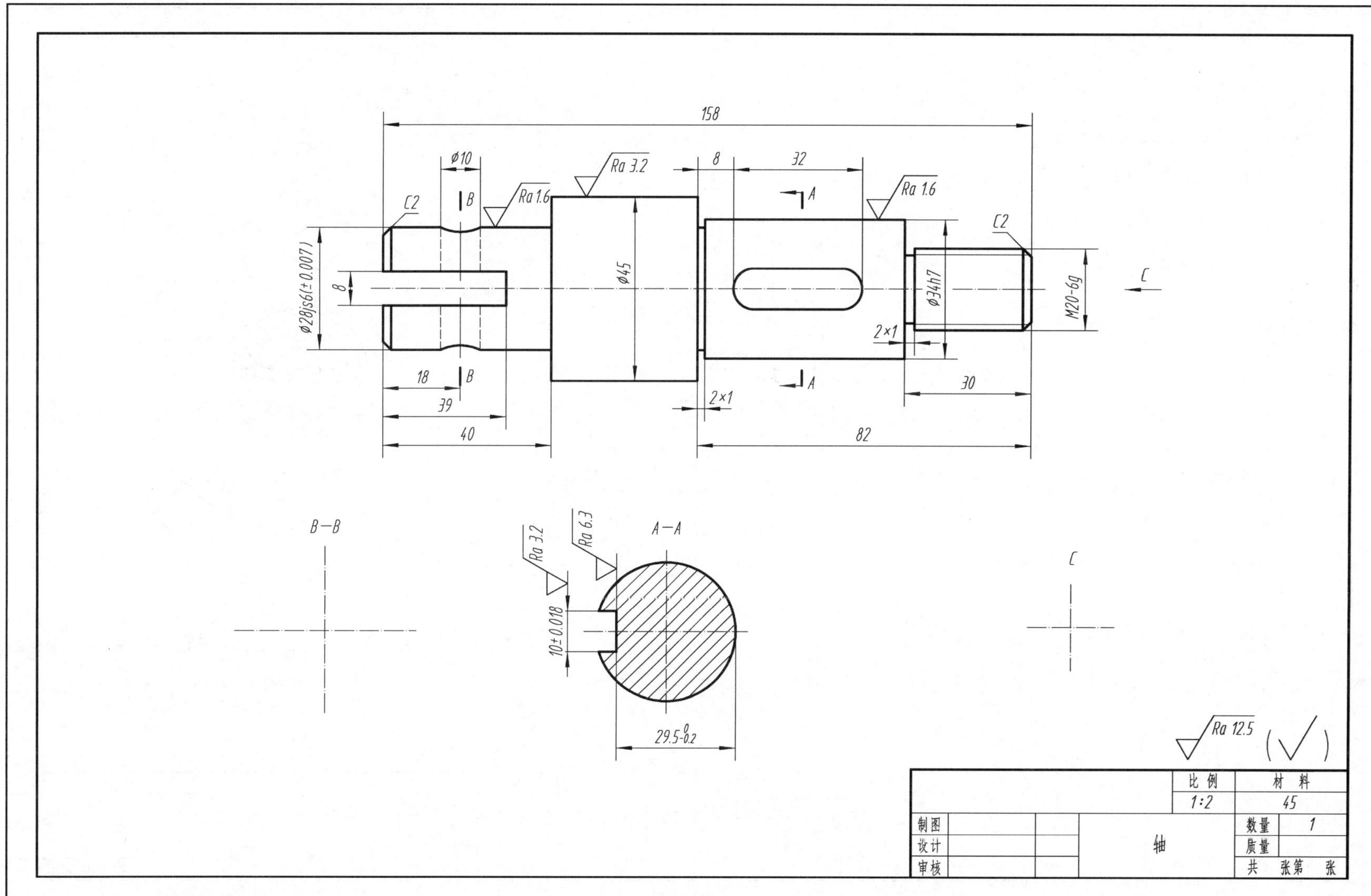

第七章　零件图

班级　　姓名　　学号

7-10　阅读盘零件图，回答问题（7-8-2）

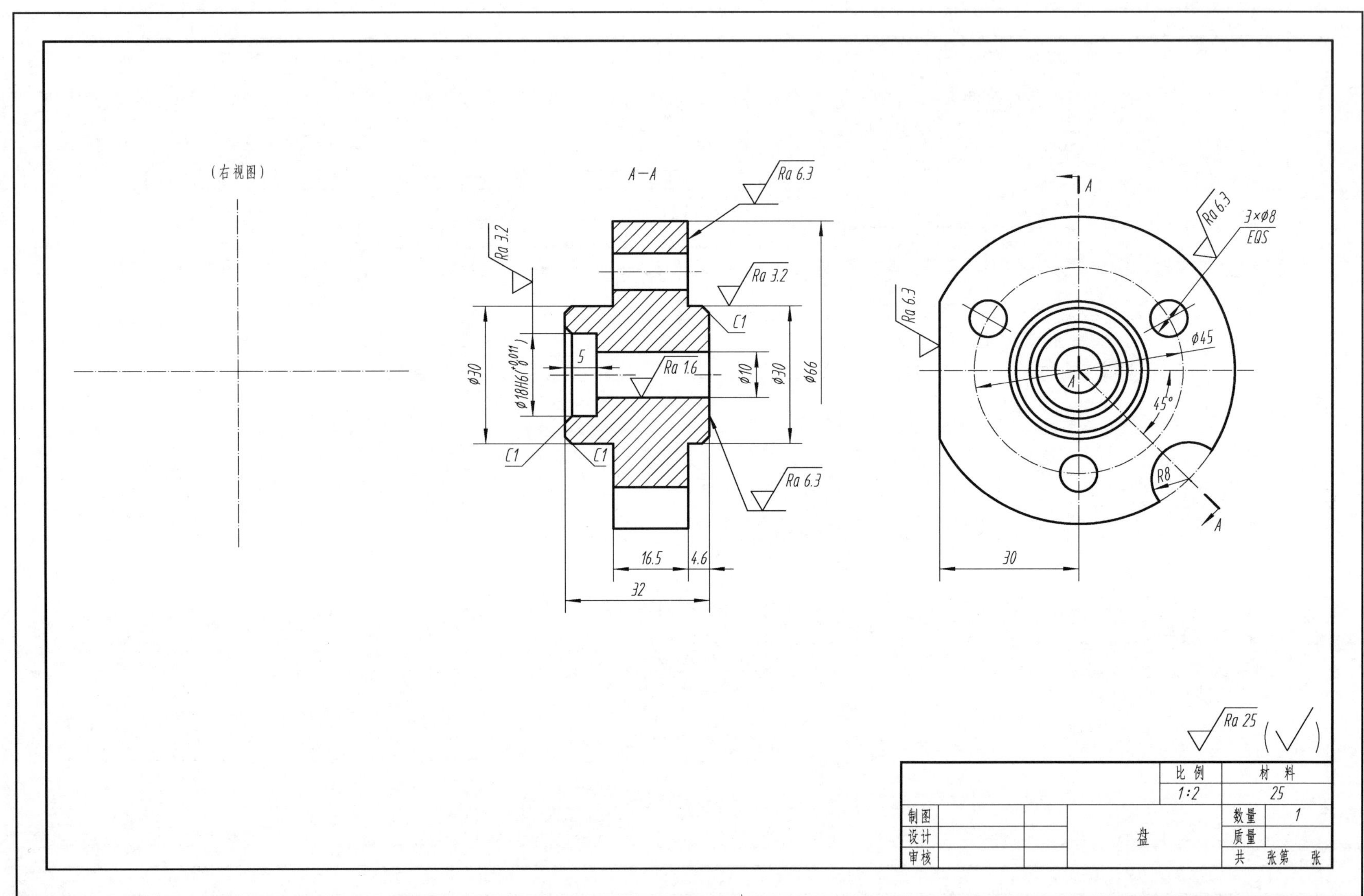

班级　　　　姓名　　　　学号

7-11　阅读轴零件图，回答问题（7-8-3）

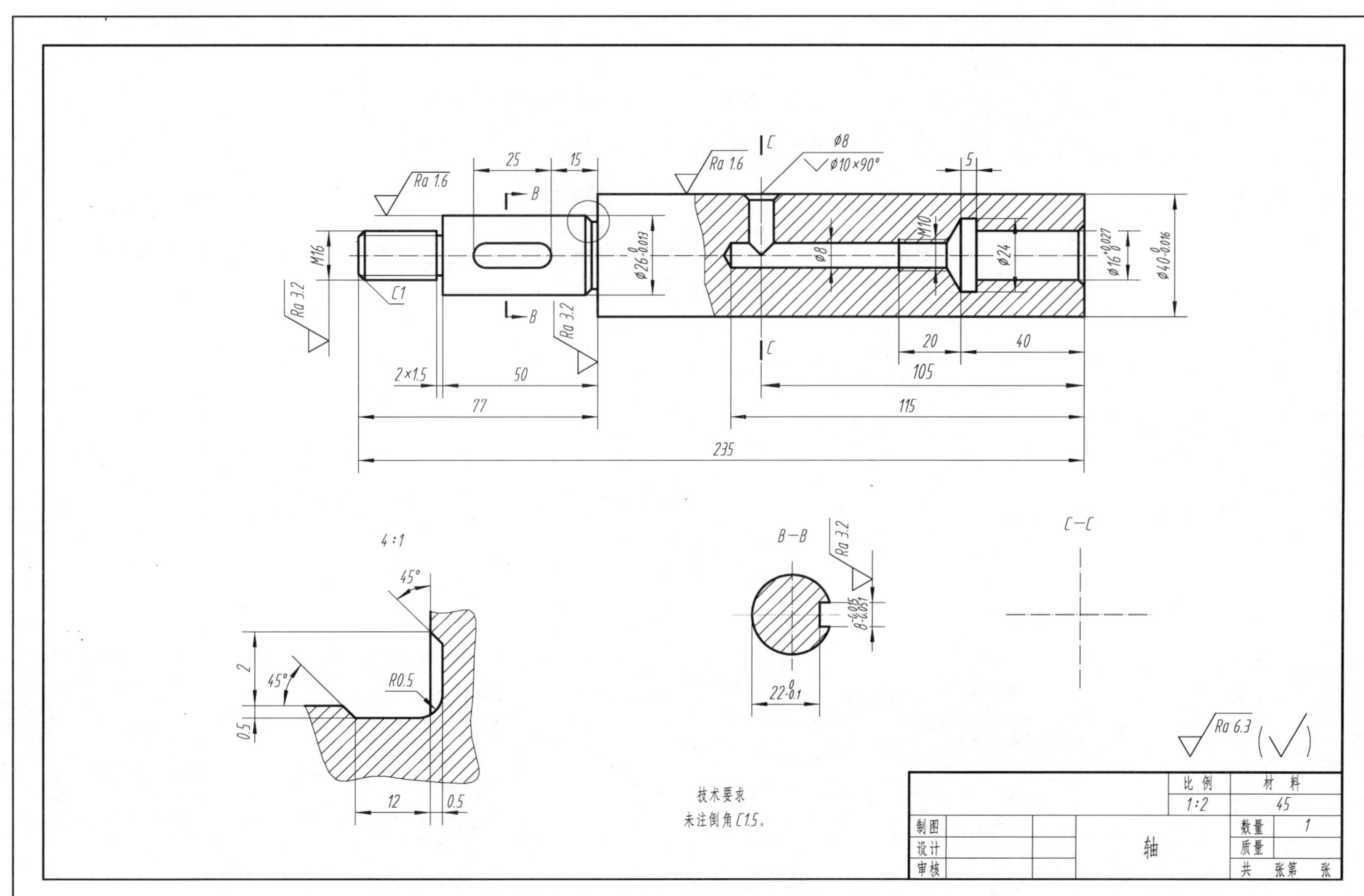

班级　　姓名　　学号

7-12　阅读零件图，回答问题

1. 阅读 7-13，回答问题。

（1）零件图采用________个基本视图表达零件的结构和形状，主视图为________剖视，它的剖切位置在________视图中注明，剖切面的种类为 ________。

（2）轴线为________向尺寸基准，ϕ90 右端面为________方向主要基准，端盖左右端面则为________基准。

（3）ϕ27H8 的公称尺寸为________，基本偏差代号为________，标准公差为 IT________ 级。

（4）查教材附表确定公差带代号：$\phi 16^{+0.018}_{0}$（________）。

（5）查教材附表确定公差带代号：$\phi 55^{-0.010}_{-0.029}$（________）。

（6）画出端盖的右视外形图（另用图纸）。

（7）端盖大多数表面的粗糙度代号为________。

（8）说明 Rc1/4 的含义。

（9）解释代号$\frac{3\times M5 \triangledown 10}{\triangledown 12}$的含义。

2. 阅读 7-14，回答问题。

（1）零件图由四个图形构成，分别为________图、________图、________图和________图。

（2）按图形大小在图中指定位置画出左视（外形）图。

（3）在图中指出长度、宽度、高度方向的主要尺寸基准，用箭头指明引出标注。

（4）分析尺寸，在图中找出下列尺寸：

定位尺寸____。

总体尺寸____。

（5）M8-7H 是（标准、非标准）螺纹。

（6）零件表面粗糙度共有________级。其中要求最高的表面 *Ra* 值是________。

7-13　阅读端盖零件图，回答问题（7-12-1）

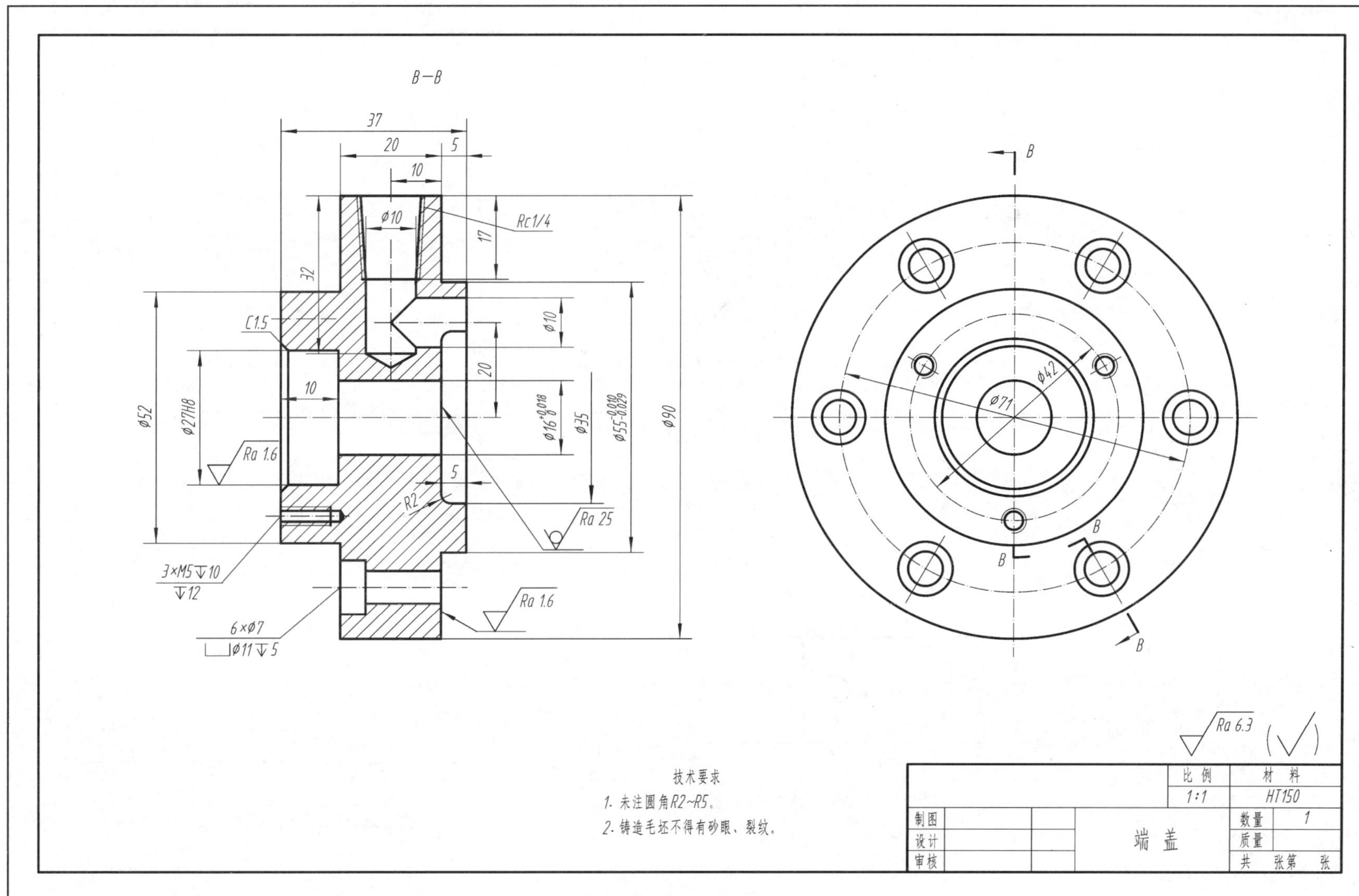

班级　　姓名　　学号

*7-14 阅读托脚零件图，回答问题（7-12-2）

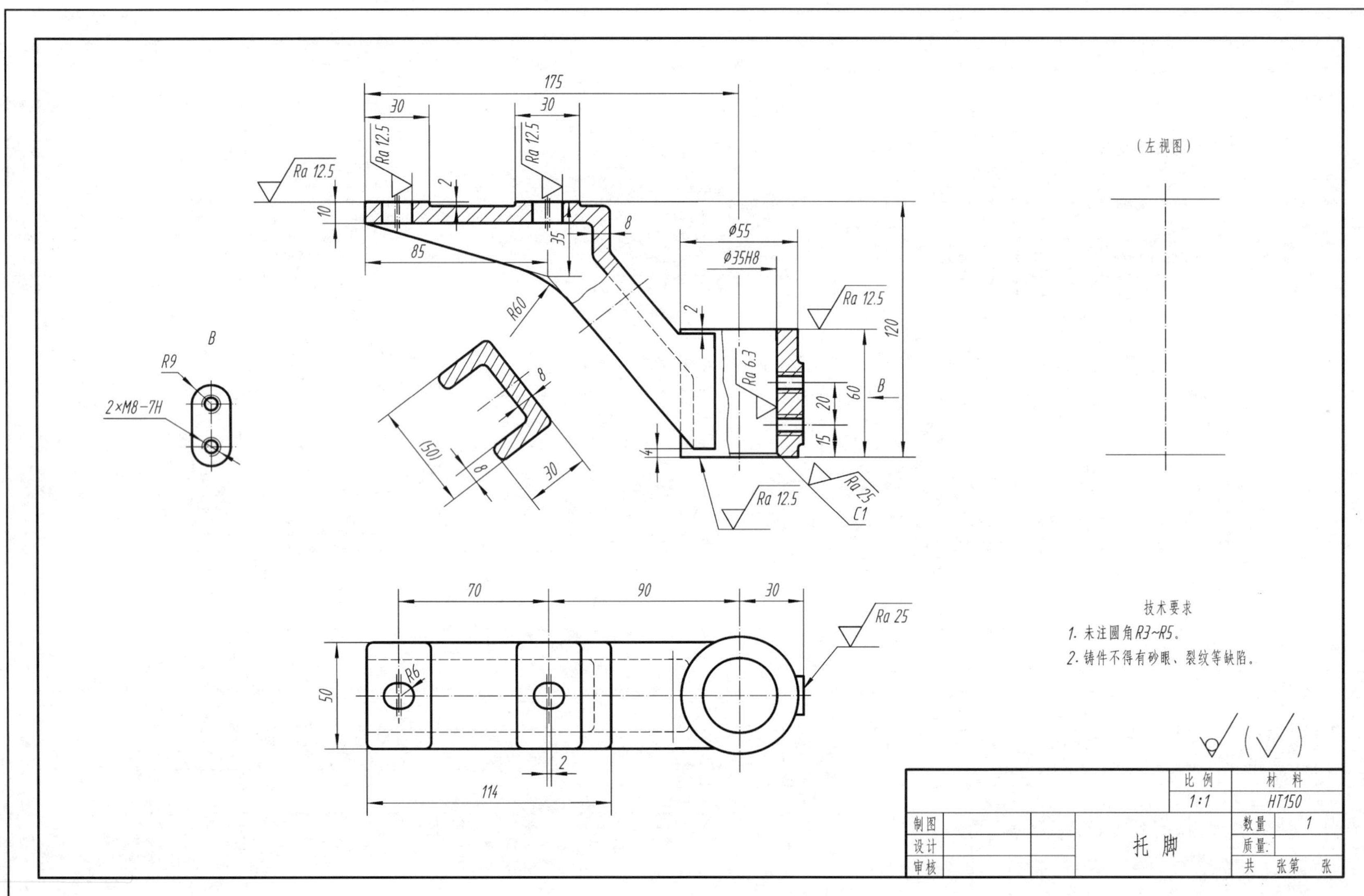

班级 姓名 学号

*7-15　阅读支座零件图，画出 C—C 半剖视（按图形大小量取尺寸，不注尺寸）；用箭头线标出三个方向的主要尺寸基准

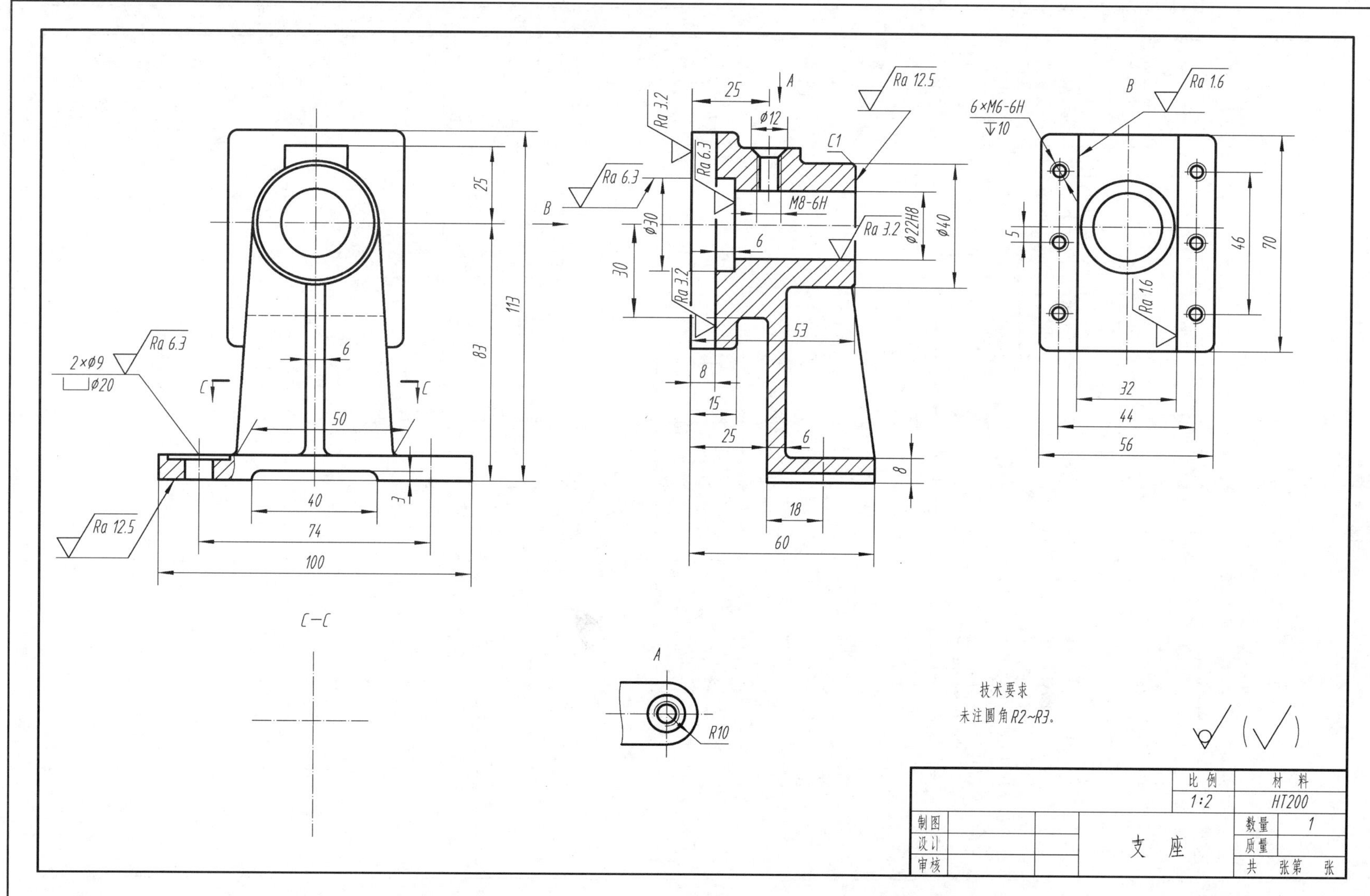

班级　　　　　　　姓名　　　　　　　学号

*7-16　阅读底座零件图，画出左视图（按图形大小量取尺寸，只画外形图，不注尺寸）

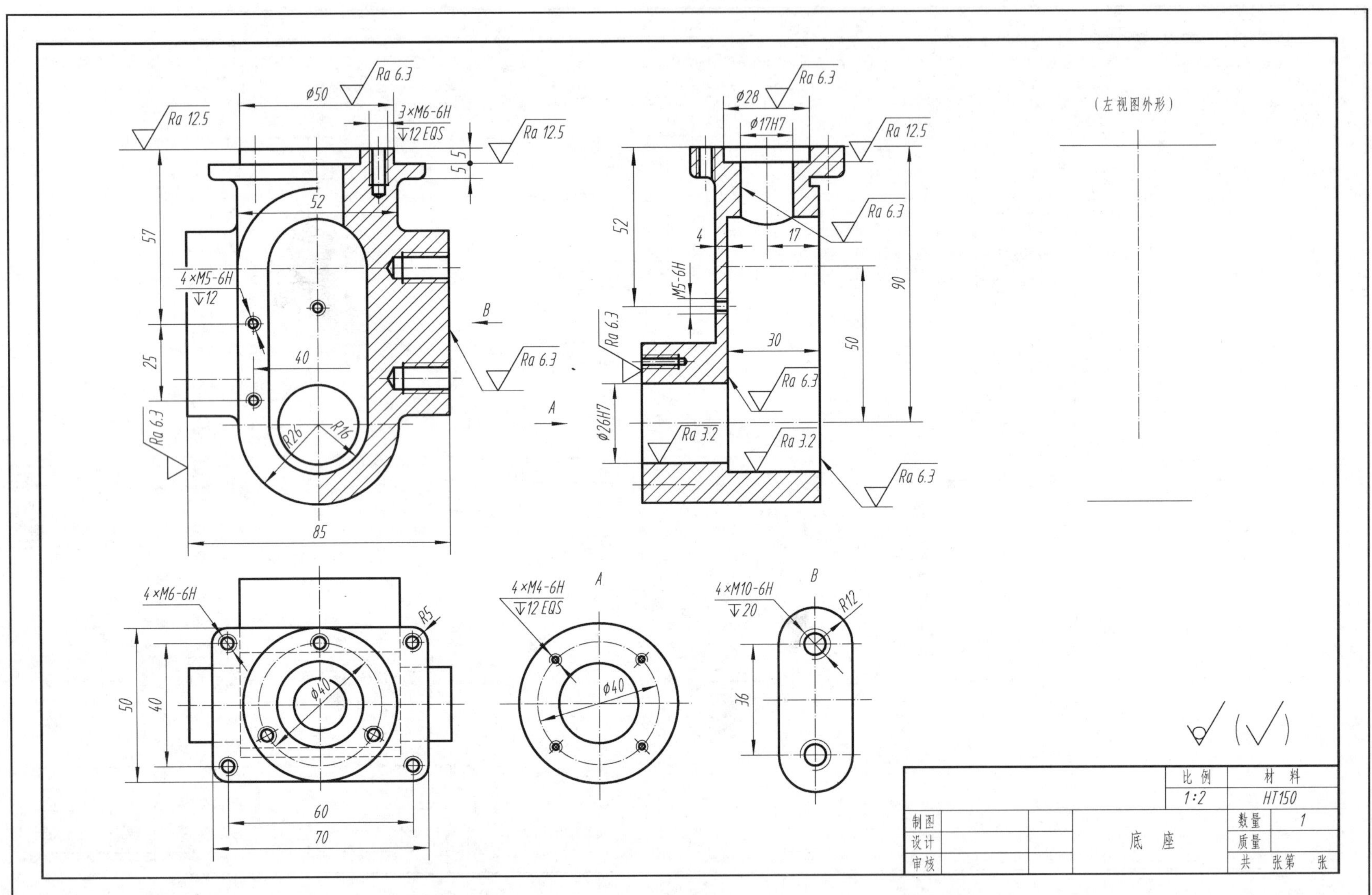

班级　　　　　　姓名　　　　　　学号

7-17 尺规图作业

№5 零件测绘指导书

一、作业目的

（1）掌握测绘的基本技能，正确地运用视图、剖视图及断面图等表达方法，学习标准结构的查表方法。

（2）基本掌握表面粗糙度及尺寸公差的确定和标注方法。

（3）掌握一般的测量方法和测绘工具的使用方法。

二、作业内容和要求

（1）根据轴测图（或实物），选择表达方案，徒手画出零件草图（用A3图纸或方格纸）。

（2）根据零件草图，测量零件尺寸，选择技术要求，绘制完成零件图。绘图比例和图幅自定。

三、注意事项

（1）草图的绘制，应在徒手目测的条件下进行，不得使用绘图仪器。但图中的线型，字体仍按标准绘制，不得潦草。

（2）测量尺寸时要注意，对于重要尺寸应尽量优先注出。要掌握量具的正确使用方法，对于精度较高的尺寸应用游标卡尺，千分尺等测量。测量时要正确地选择基准，由基准面开始测量尺寸。测量中尽量避免尺寸换算，以减少差错。

（3）对于零件上的圆角、退刀槽、键槽等标准结构要素，应查阅相关标准确定。

（4）表面粗糙度、极限与配合等内容，参看教材，在教师指导下选用。

（5）在画零件图时，标注尺寸不能照抄零件草图中的尺寸。草图中尺寸多，是为了便于测量注出的，画工作图时要重新调整。

四、图例（见下图或习题7-1中的轴测图）

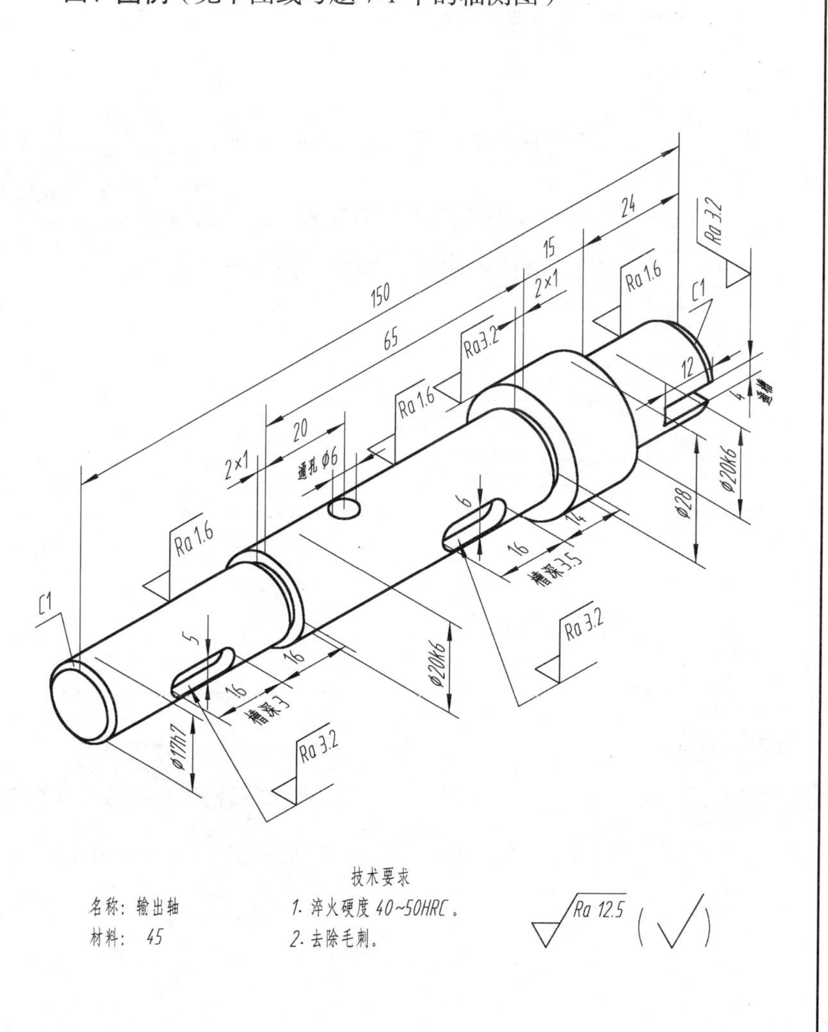

第八章 装 配 图

8-1 阅读装配图，回答问题（一）

读推杆阀装配图（8-2），回答问题

（1）该装配图有三个基本视图，分别是________、________和__________。该图还采用了装配图的特殊表达方法__________画法和________画法。

（2）分析视图可知，件 1、件 2、件 7、件 8 均属于________类零件。件 5 属于________类零件。

（3）件 4、件 8 在剖视图中按不剖切处理，仅画出外形，原因是________。

（4）件 2、件 7 与阀体都是________连接。

（5）在推杆阀中，件 6 的作用是防止________沿________的轴向渗漏。

（6）件 4 靠件________与件________以及管路中的压力将其压紧，进而关闭阀门。要将阀门打开，需推动件________，使其推动________方可。

（7）件 1 左端面上的豁口，用来将该件________。

（8）ϕ10H7/h6 是件________与件________的________尺寸。其中 H7 是件________的公差带代号，h6 是件________的公差带代号。

（9）主视图中 56 是________尺寸，48、11 是________尺寸。该阀总高为________。

（10）试用恰当的表达方法，表示件 7 的结构形状，按图形实际大小 1 ∶ 1 比例画图，不注尺寸。

推杆阀工作原理

推杆阀安装在低压管路系统中，用以控制管路的“通”或“不通”。当推杆（件 8）受外力作用向左移动时，钢球（件 4）压缩弹簧（件 3），阀门被打开。当去掉外力时，钢球（件 4）在弹簧力的作用下，将阀门关闭。

班级 姓名 学号

8-2 推杆阀装配图

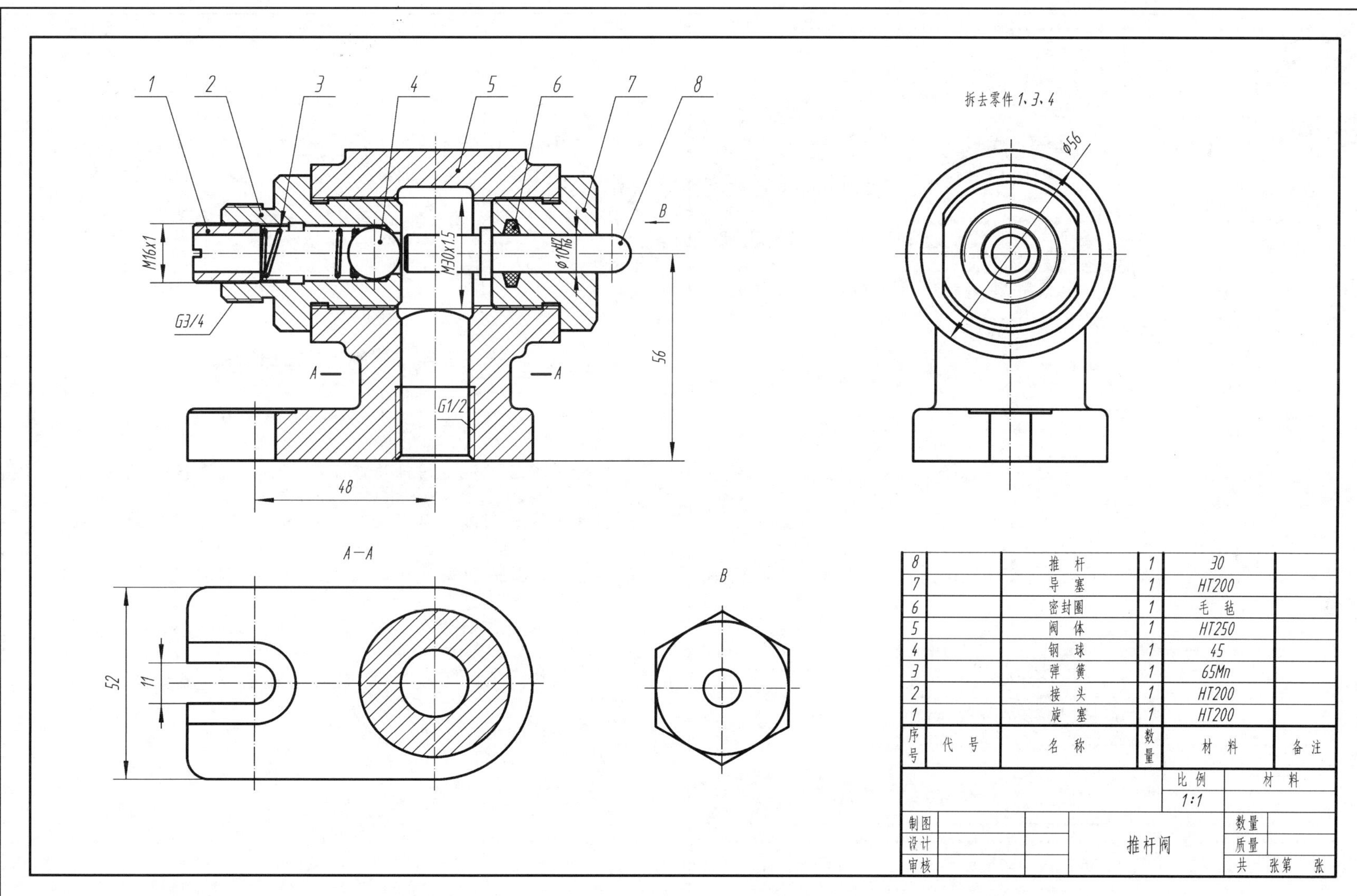

第八章 装配图

班级 姓名 学号

读手动气阀装配图（8-4），回答问题

（1）手动气阀由________个零件组成。

（2）该装配图采用________视图、________视图和________视图，表达手动气阀的工作原理、装配关系及主要零件的结构形状。用________画法，表达件1的底部形状。视图中细双点画线是采用________画法，表示气阀的固定方式。

（3）分析视图可知，件1、件5均属于________类零件。件2属于________类零件。

（4）件5在剖视图中按不剖切处理，仅画出外形，原因是________。

（5）手动气阀中，件3的作用是________，件4的作用是________。

（6）件5与相邻两个件的连接方式为________。

（7）向下推动件6手柄球，将带动件________、件________、件________向下移动。

（8）ϕ18H9/f9是件________与件________的________尺寸。其中H9是件________的公差带代号，f9是件________的公差带代号。

（9）图中27±0.25和38±0.25是________尺寸，137是________尺寸。

（10）试用恰当的表达方法，表示件5的结构形状，按图形实际大小1∶1比例画图，不注尺寸。

手动气阀工作原理

手动气阀用来控制工作汽缸的气体压力。手柄球(件6)、连接杆（件5）和气阀杆（件1）通过螺纹连接。握住手柄球将气阀杆拉到最高位置时，来自气源的高压气体与工作汽缸接通，工作汽缸内处于高压状态；当气阀杆被推至最低位置时，气源与工作汽缸的通道被关闭，工作汽缸内的气体，经过气阀杆的径向孔与中心孔道与大气接通，处于常压状态。

气阀杆与阀体为间隙配合，用四个O型密封圈加强密封。螺母用来固定该部件。

班级　　　　姓名　　　　学号

8-4 手动气阀装配图

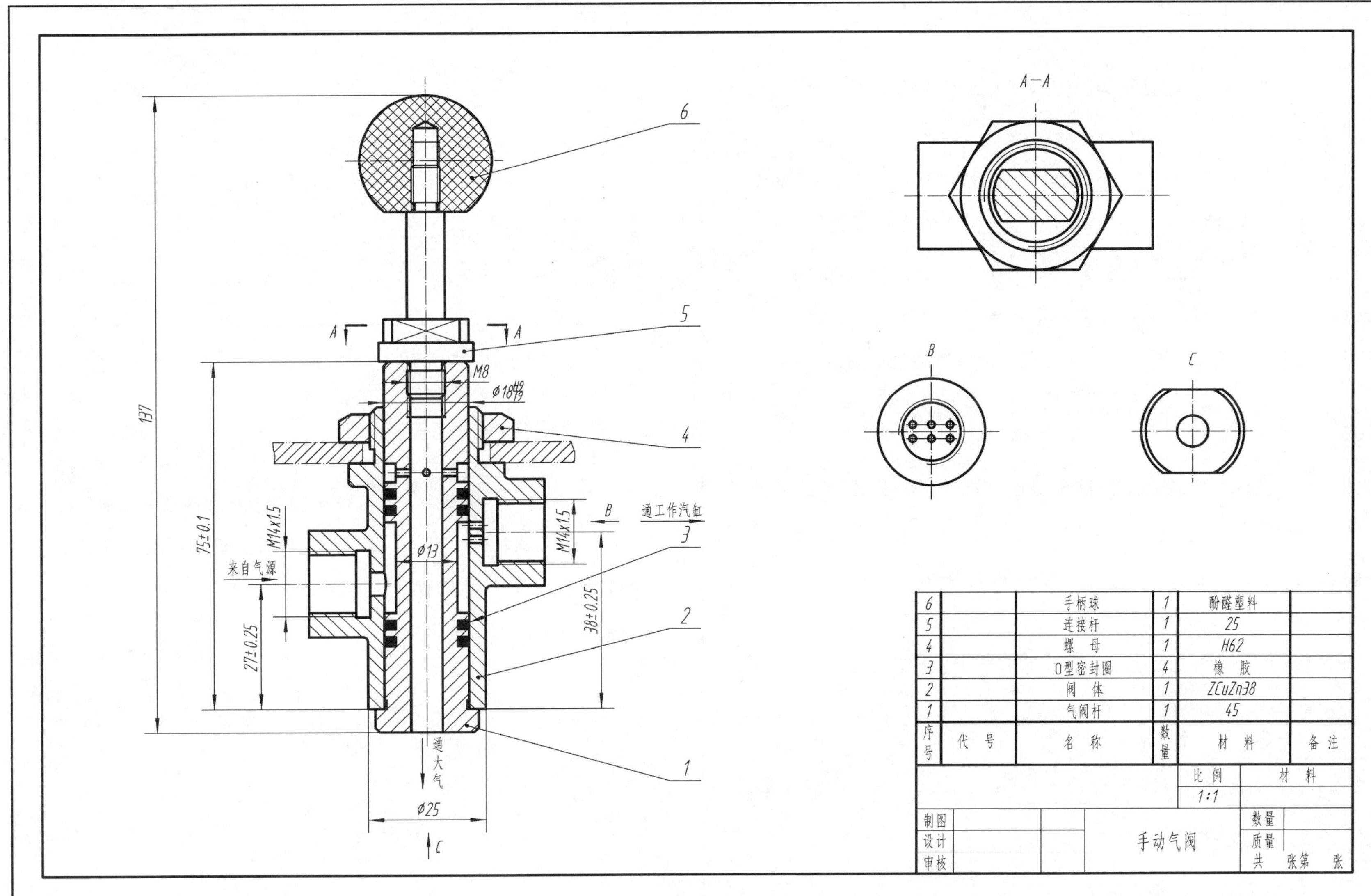

序号	代号	名称	数量	材料	备注
6		手柄球	1	酚醛塑料	
5		连接杆	1	25	
4		螺母	1	H62	
3		O型密封圈	4	橡胶	
2		阀体	1	ZCuZn38	
1		气阀杆	1	45	

			比例	材料
			1:1	
制图		手动气阀	数量	
设计			质量	
审核			共 张第 张	

班级 姓名 学号

读钻模装配图（8-6），回答问题

（1）该装配体由________种零件组成，有________个标准件。

（2）装配图由________个基本视图组成，分别是________、________和________。主视图上采用了________剖视和________画法；俯视图上采用了________画法；左视图上采用了________剖视和________画法。被加工工件采用________画法表达。

（3）件 4 在剖视中按不剖切处理，仅画出外形，原因是________。

（4）根据视图想零件形状，分析零件类型。属于轴套类的有：________、________、________。属于盘盖类的有：________、________、________。属于箱体类的有：________。

（5）ϕ32H7/k6 是件________与件________的________尺寸。件 4 的公差带代号为________，件 7 的公差带代号为________。

（6）ϕ32H7/k6 表示件________与件________是________制________配合。

（7）零件 4 和零件 1 是________制________配合，零件 3 和零件 2 是________配合。

（8）ϕ98h6 是________尺寸，ϕ128、110 是________尺寸。

（9）零件 8 的作用是________。

（10）怎样取下被加工工件？____。

钻模工作原理

钻模是用于加工工件（图中用细双点画线所表示的部分）的专用夹具。把工件放在底座（件 1）上，装上钻模板（件 2），钻模板通过圆柱销（件 8）定位后，再放置开口垫圈（件 5），并用特制螺母（件 6）压紧。钻头通过钻套（件 3）的内孔，可确保准确地在工件上钻孔。

班级　　姓名　　学号

8-6 钻模装配图

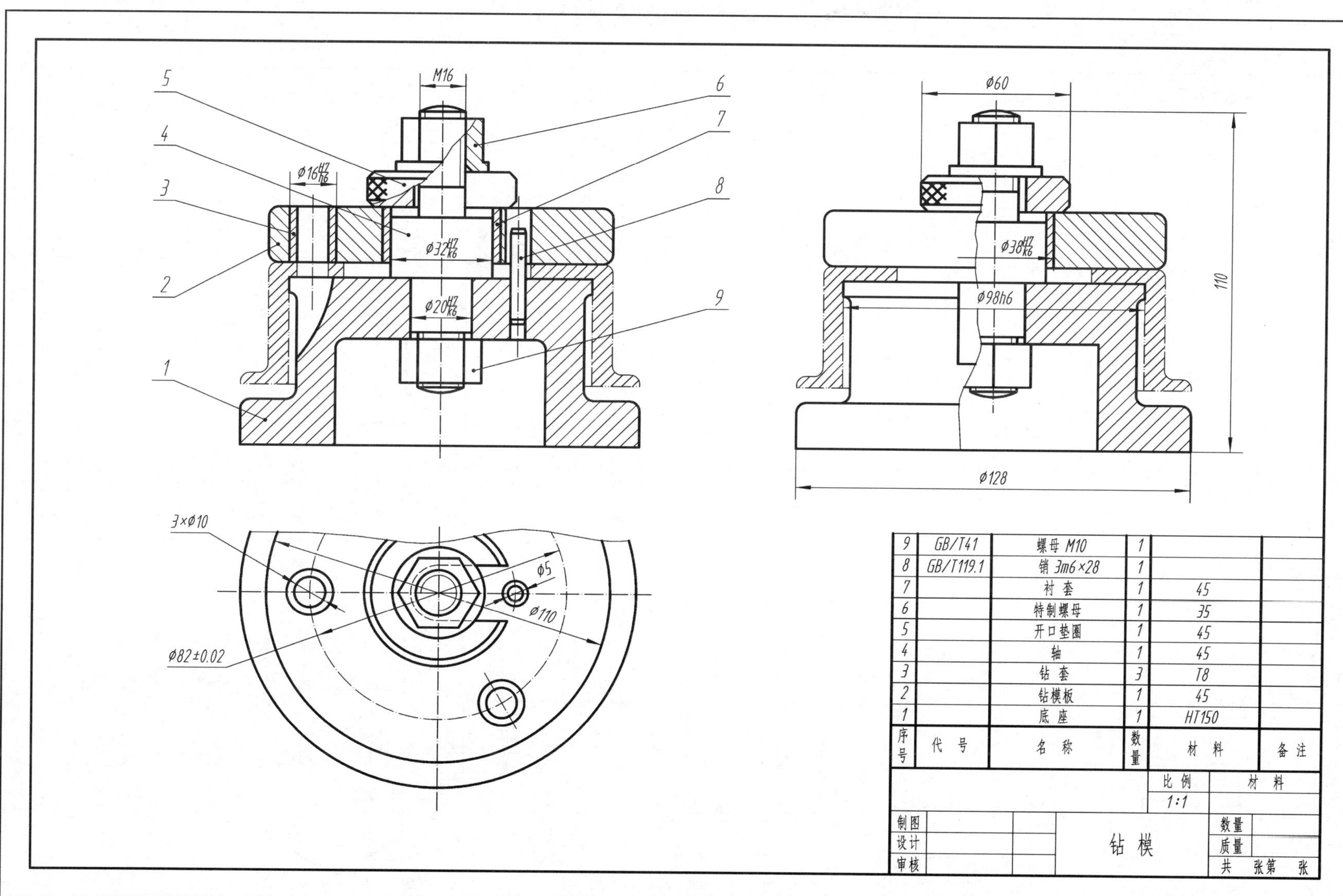

序号	代号	名称	数量	材料	备注
9	GB/T41	螺母 M10	1		
8	GB/T119.1	销 3m6×28	1		
7		衬套	1	45	
6		特制螺母	1	35	
5		开口垫圈	1	45	
4		轴	1	45	
3		钻套	3	T8	
2		钻模板	1	45	
1		底座	1	HT150	

班级　　姓名　　学号

附录　部分习题答案

答案（一）

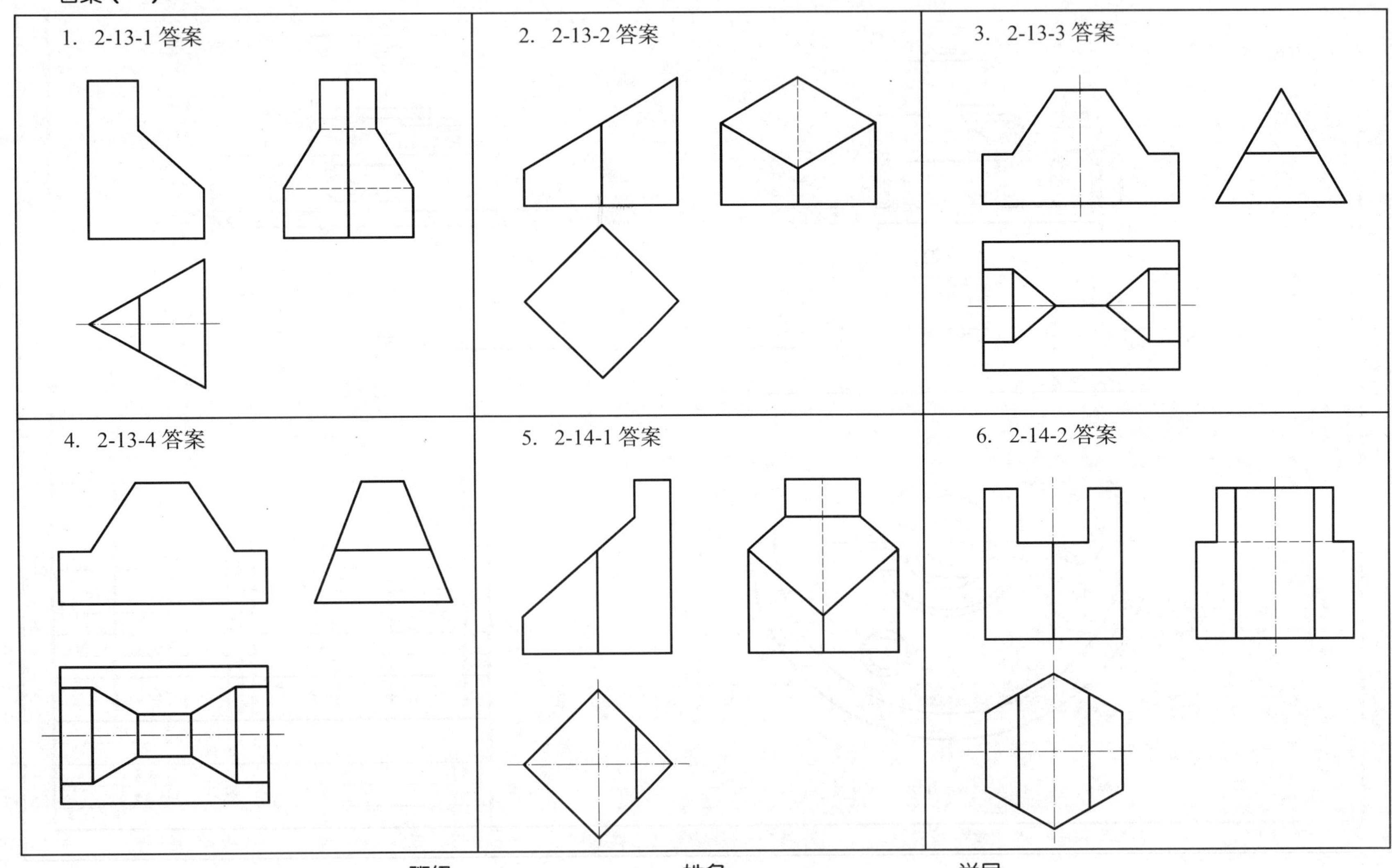

班级　　　　　　　　姓名　　　　　　　　学号

答案（二）

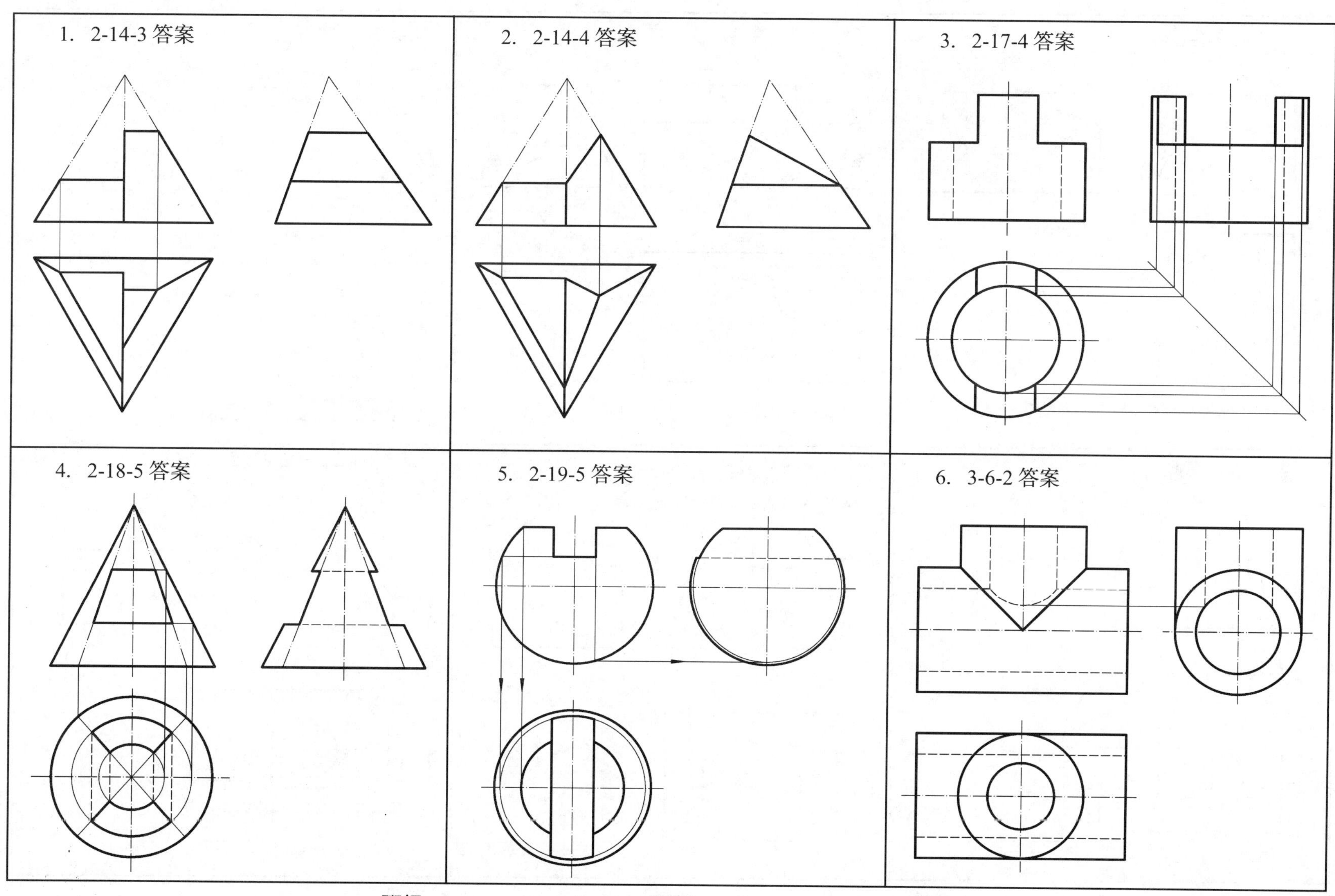

班级　　　　姓名　　　　学号

答案（三）

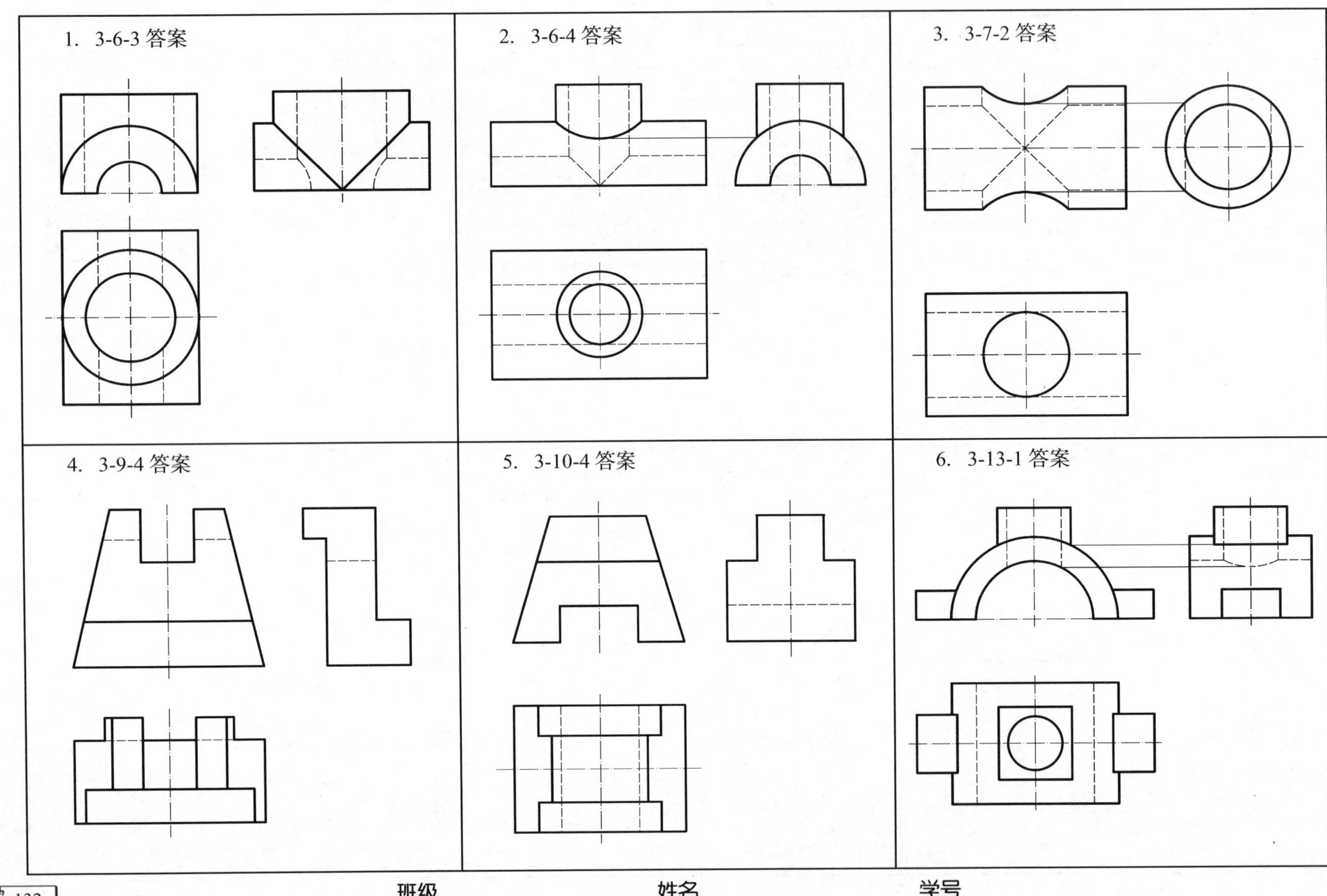

班级　　姓名　　学号

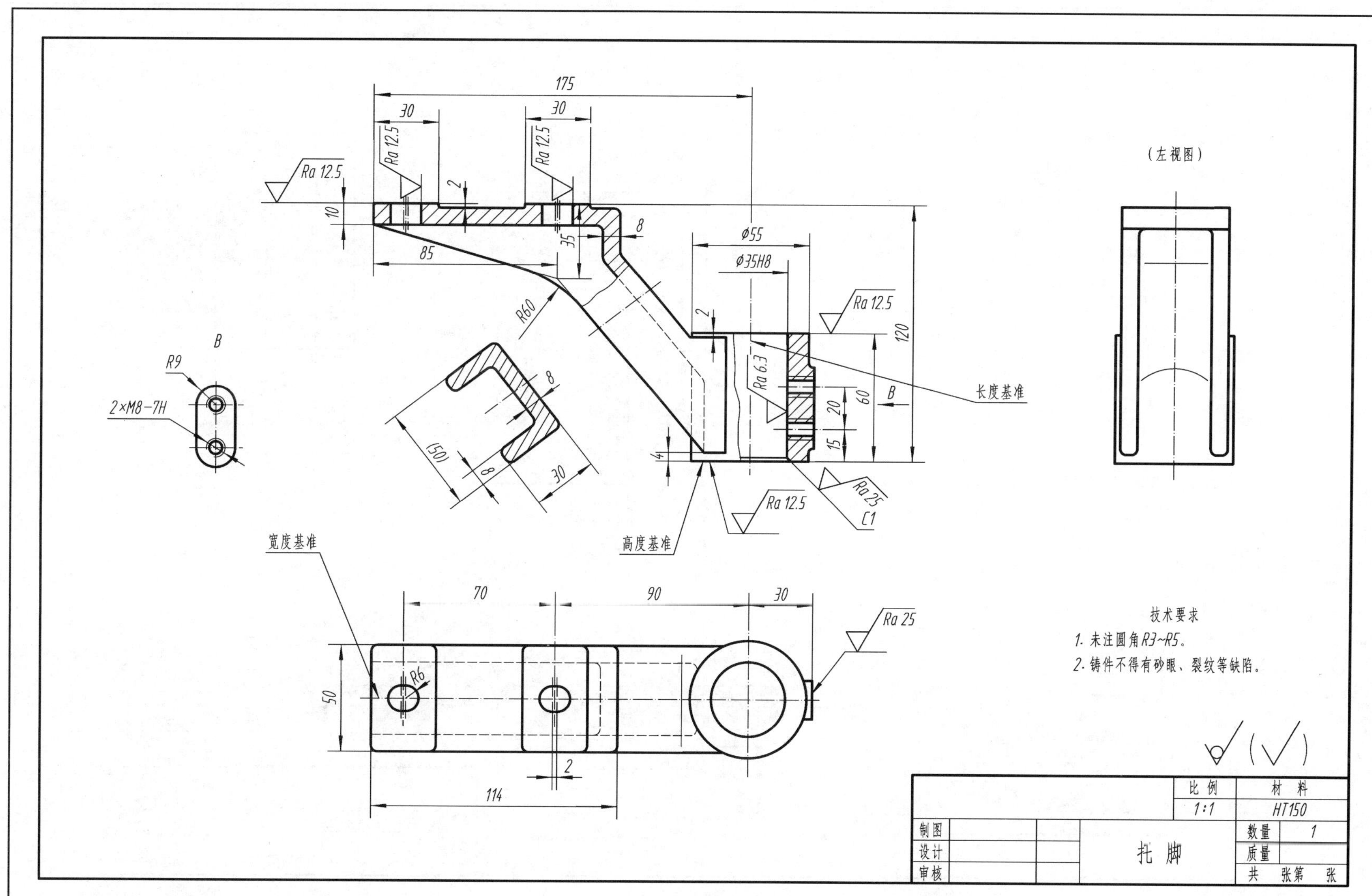
175
30
30
Ra 12.5
Ra 12.5
Ra 12.5
2
10
8
35
85
φ55
φ35H8
R60
Ra 12.5
2
120
B
R9
2×M8-7H
8
Ra 6.3
长度基准
(50)
8
30
20
60
15
4
Ra 12.5
Ra 25
C1
宽度基准
高度基准
(左视图)
70
90
30
Ra 25
R6
50
2
114
技术要求
1. 未注圆角R3~R5。
2. 铸件不得有砂眼、裂纹等缺陷。
比例
材料
1:1
HT150
制图
设计
审核
扎脚
数量
1
质量
共 张第 张

25
A
Ra 12.5
B
Ra 1.6
Ra 3.2
φ12
6×M6-6H
⊽10
C1
Ra 6.3
25
B
Ra 6.3
M8-6H
φ30
6
Ra 3.2
φ22H8
φ40
5
46
70
30
113
83
Ra 3.2
Ra 1.6
53
宽度方向基准
Ra 6.3
2×φ9
φ20
6
8
15
32
44
56
50
长度方向基准
25
6
8
40
3
18
Ra 12.5
74
60
100
高度方向基准
C—C
A
R10
技术要求
未注圆角R2~R3。
比例
材料
1:2
HT200
制图
数量
1
设计
支座
质量
审核
共　张第　张

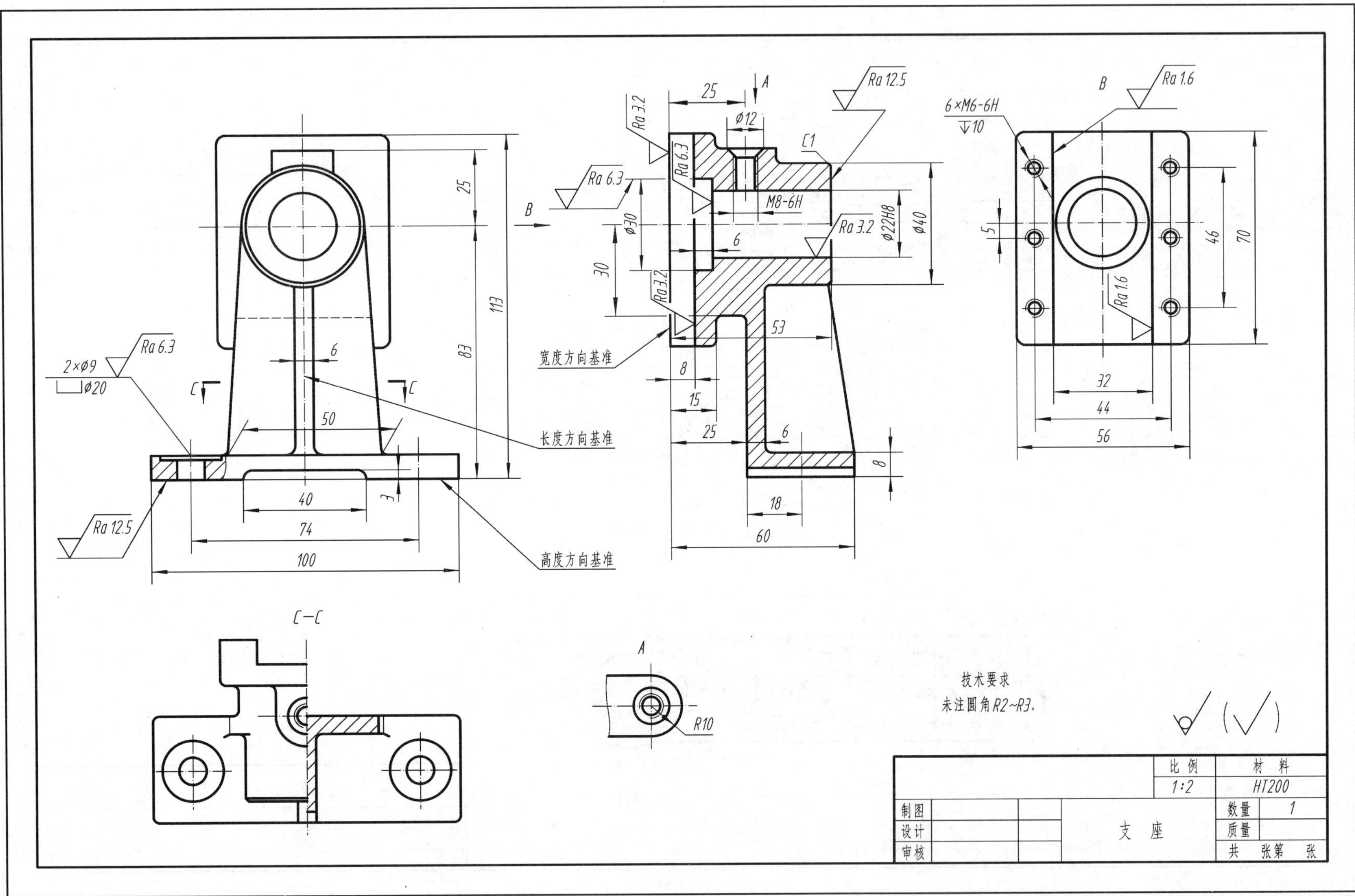

班级　　　　姓名　　　　学号

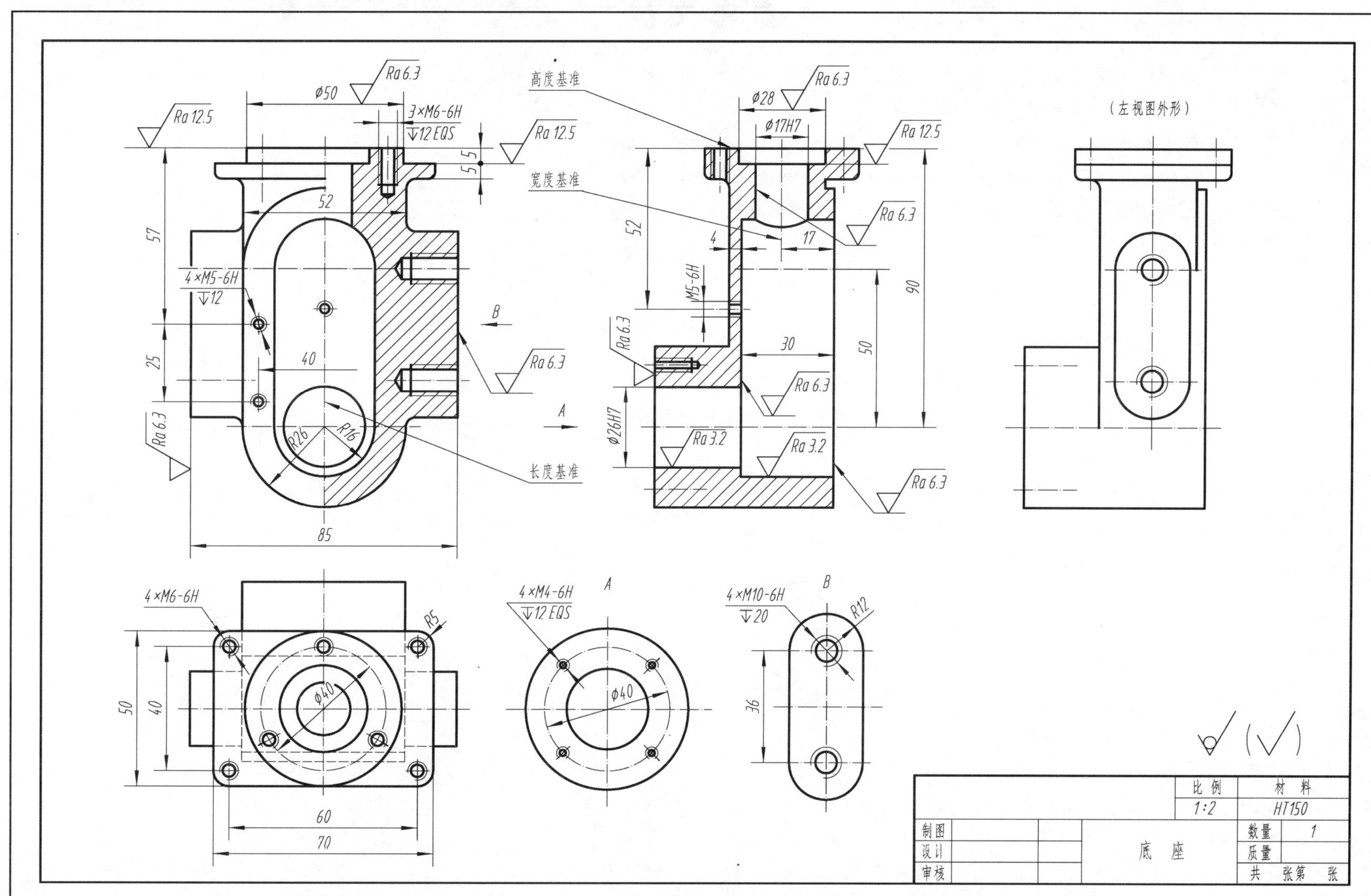
高度基准
宽度基准
长度基准
（左视图外形）
A
B
Ra 6.3
Ra 12.5
Ra 3.2
φ50
φ28
φ17H7
φ26H7
3×M6-6H
↧12 EQS
4×M5-6H
↧12
M5-6H
4×M6-6H
4×M4-6H
↧12 EQS
4×M10-6H
↧20
R26
R16
R5
R12
φ40
85
60
70
50
40
36
57
25
52
90
30
17
4
比例
1:2
材料
HT150
制图
设计
审核
底座
数量
1
质量
共 张第 张

参考文献

[1] 成大先. 机械设计手册 [M]. 第五版. 北京：化学工业出版社，2008.

[2] 梁德本，叶玉驹. 机械制图手册 [M]. 第3版. 北京：机械工业出版社，2002.

[3] 胡建生. 工程制图习题集 [M]. 第三版. 北京：化学工业出版社，2006.

[4] 钱可强. 机械制图习题集 [M]. 第2版. 北京：高等教育出版社，2007.

[5] 胡建生. 机械制图习题集（少学时）[M]. 北京：机械工业出版社，2009.